喵聲令下！

貓星人指令大全105+

前言

讓大家了解貓咪是什麼樣的動物，同時提供各種能讓飼主與貓咪安心、快樂生活的多種情報與知識，是本書的目標。

近年來，喜歡和貓咪一起生活以及熱愛貓咪的人越來越多，並且已經蔚為話題。只要是喜歡動物或是曾與寵物共同生活過的人，都能明白那種被寵物療癒的心情。當中又以適合與人類同居、動作可愛呆萌，個性卻又帶

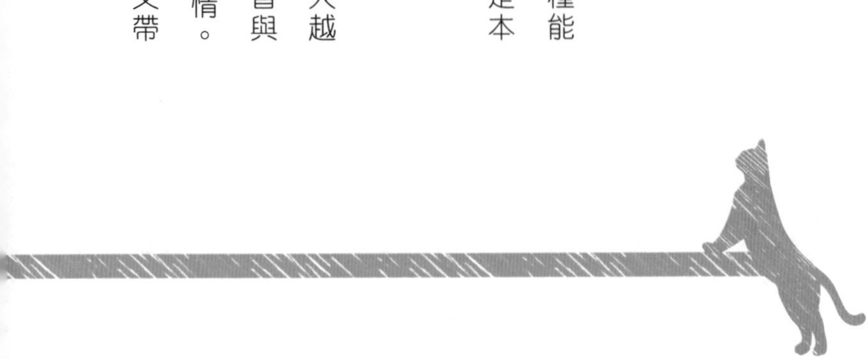

點任性神祕的貓咪，吸引眾多忠心的粉絲。

然而，貓咪是活生生的生命。雖然喜愛貓咪的人增加是一件令人高興的事，但是與貓咪一起生活，不應被當作是一種潮流或流行。愛一個生命，不是只愛牠的優點或可愛之處，更必須理解隨之而來的所有困難或麻煩，同時包容一切。

如果同是人類，還可以彼此溝通磨合，也就是「互惠互讓」，但是與人類以外的動物就無法用言語來溝通。這時，就必須藉由動作、表情及叫聲等所有其他有的表達，來理解對方的心情。

貓咪是種謹慎小心同時又纖細的小動物，對極為信賴的對象才會展現出來真實姿態。只要懂得如何接收這些訊息，同時給予適當的回應，就能讓我們與貓咪的生活變得更快樂、更充實。

每隻貓咪都有個性，也有行動及情緒上的差別。但是，種族所帶來的生物本能，仍可讓我們接收到許多共通的行為及傳達出來的訊息。在理解貓咪的基本個性及行為之後，接下來就要仔細地觀察所接觸的貓咪，不要自以為是地用人類的角度去解釋貓咪的行為及心情。有這樣的心理準備後，相信就能比以前更與自己的愛貓心意相通了。

窩在身旁安心熟睡、毫無防備的模樣；主人一回到家，就立刻黏上來磨蹭；吃飽飯後，慵懶又滿足地舔舐皮毛；跑過來撒嬌要「玩耍」或「抱抱」；有時無視呼喚、伸手要撫摸就冷淡地轉身跑走……所有的所有，都是貓咪帶給我們心靈上撫慰，以及愛意的訊息。

為使我們與貓咪的交流與生活能變得更快樂，也為了讓熱愛貓咪的人們能與貓咪建立更幸福的關係，就透過本書來實現這樣的願望吧。

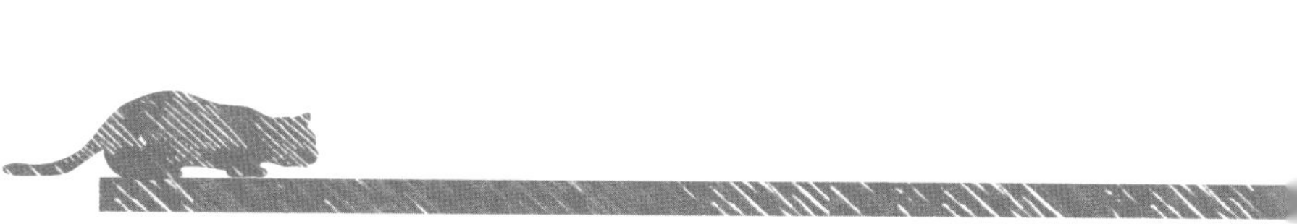

目錄

第2章 喵相遇：飼前認識與準備

第3章 喵心聲：培養幸福無礙的讀心術

第4章 喵生活：日常照料與居家照護

第5章 喵雜學：有趣的冷知識

登場人物

虎吉

和寧寧一起生活的美國短毛公貓，是隻還不到 1 歲的活潑小貓！也是隻名副其實的調皮貓咪。

寧寧

養貓不到 1 年的新手貓奴，最喜歡的事就是週末時待在家跟虎吉玩。

犬山專務

寧寧與小愛公司的專務。看起來是愛狗派，其實是 30 年的資深貓奴。

小愛

和寧寧同時進公司的同事，最近搬到可以養寵物的公寓。雖然喜歡貓咪，知識方面卻稍嫌不足。

第 1 章

喵祕密：神秘的身體構造

喵公寓
我回來了——
開門
寧寧
30多歲・上班族
喵
愛貓・虎吉・1歲
虎吉——！謝謝你來迎接我！
好聰明～
好聰明～
好可愛～
好可愛～
呼嚕呼嚕呼
……不過，為什麼你會知道我什麼時候回來呢？

貓咪聽到主人回到家時的聲響，就會在門打開前跑去玄關等待。
哇～～原來貓咪的耳朵這麼好。
虎吉分得出我的腳步聲呢——♡
對吧
……
咀嚼
咀嚼
欸？不理我？
咀嚼 咀嚼
咀嚼
明明耳朵那麼好，卻不理我？
哪、哪
飯飯，很好吃厚……
…
咀嚼リ
咀嚼リ
不過，貓咪的能力真厲害～～
走路無聲！
嗅覺超強！
舌頭有祕密能力！
/ and more! \

動態視力似乎也很好……
撲！
撲！
撲抓抓抓抓抓！
我之前一直覺得……
貓咪的眼神經常變來變去，很有趣呢～
瞳孔變圓
哼——

停住！
?
玩具怎麼不動了……
對於靜止的東西沒興趣呀……
貓咪真是不可思議啊……如果能知道更多貓咪的事，說不定能過得更快樂……
動了
!!

眼睛

具備在黑暗中生活的能力

藉由調整瞳孔，可以在黑暗中活動

屬於夜行性動物的貓咪，眼睛具備在黑暗中生活的能力，特徵就是比人類大3倍的瞳孔。貓咪的瞳孔在明亮處時，會為了減少光線進入而縮小，在黑暗中則會因提高感光度而放大。

貓眼的感光度不但是人類的6倍以上，亦具有優越的動態視力及寬廣視野，因此在天花板裡抓老鼠對牠們來說是易如反掌的事。

全部看起來像慢動作？

貓咪雖然擁有優越的動態視力，但靜態視力卻不怎麼樣，因此對於靜止的東西反應比較遲鈍。甚至據說因為動態視力太強，電視畫面在牠們眼中會變成一格一格的。

視力不好，還有色盲

貓咪的視力大約只有 0.2 到 0.3，因此較難看見遠方的事物，但是寬廣的視野與高度的感光能力可以補足不好的視力。在辨別色彩的能力上，牠們可以區分藍色及黃色，但紅色卻會變成灰黑色。

貓眼在黑暗中發光的原因

貓咪的視網膜後面有個叫「脈絡膜毯」（tapetumlucidum）的反射層，它能有效率地集中光線，讓貓咪能在黑暗中自由移動。貓咪的眼睛之所以在夜晚中會發光，是因為「脈絡膜毯」反射了光線的關係。

memo

貓咪的瞳孔大小會隨著興奮或恐懼等情緒變化而改變。

耳朵

利用超過人類8倍的聽力獲取情報

比眼睛好用！用耳朵收集情報

貓咪的耳朵具有非常高的性能。為了在黑暗中也能察覺獵物的動作，牠們的聽力是人類的8倍、狗兒的2倍。獲得外界資訊的順序，依序是耳朵↓鼻子↓眼睛，與經由視覺來獲得80％情報的人類有很大的不同。

在牠們的耳朵尖端會長出一撮蓬鬆的毛，主要用來感測風向及收取音波，隨著成長會變短。

聽到主人回家

一回到家，看到心愛的貓咪在門口迎接，相信大家都有這種經驗。擁有優越聽力的貓咪可以分辨主人的車聲及回家的腳步聲，並能立刻跑到門口迎接。

連螞蟻的腳步聲都聽得到

貓咪的聽力範圍數值可達 60 ～ 6 萬 5000 Hz（一般人類約為 20 到 2 萬 Hz）。因為貓咪常常盯著空無一物的地方看，所以很多人都以為「貓咪看得見鬼」，其實可能只是牠聽見了人類聽不到的昆蟲或小動物的腳步聲而已。

所有的貓咪都喜歡女生？

貓咪擅長聽取較高的音域，因此據說貓咪比較喜歡女性尖細的聲音，也比較容易親近女性。

※男性聲音約 500Hz，女性聲音約 1000Hz，鋼琴的最高音約 4000Hz，蚊子的嗡鳴聲約 1 萬 5000Hz，超過 20000Hz 就是超音波了。

memo

為了捕捉音源的方向及距離，貓咪的耳朵可以分別左右轉動 180 度。

鼻子

嗅覺的秘密在於記憶量

靠鼻子守護自身安全

貓咪的嗅覺能力僅次於聽覺。但其嗅覺厲害的不是截取能力，而是分辨能力。貓咪可以靠嗅覺分辨，是否有敵人侵入自己的地盤或食物是否安全。

狗兒在嗅聞東西時，會擴張鼻腔吸入更多空氣，但貓咪的鼻腔構造狹小，無法吸入更多空氣。所以會將鼻子貼近對象物來嗅聞味道。

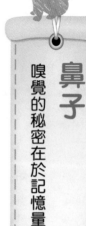

比人類強，但比狗兒弱的嗅覺

動物的嗅覺能力，取決於位在鼻黏膜一種叫「嗅覺接收器」的細胞。人類大約有 1 千萬個，貓咪有 6 千萬個，經常被訓練為警犬的德國牧羊犬，則據說有 2 億個。

想睡時鼻子會變乾

健康的貓鼻子會有適當的濕度，因為氣味分子比較容易附著在濕氣上。但是當貓咪放鬆或想睡覺時，鼻子表面經常會變得乾燥。所以當貓咪鼻子變乾時，很可能就是想睡覺了。

令人羨慕？沒有鼻毛的生活

人類的鼻子有而貓咪沒有的，就是鼻毛。人類的鼻毛，是用來阻擋灰塵進入鼻腔深處的屏障，貓咪為什麼沒有至今原因不明，但原因應該不是……為了防止戀情破滅吧！

memo

貓咪的鼻子表面之所以會潮濕，是為能更容易感知風向及溫差。看起來那麼萌，功能卻很強大。

鬍鬚

利用鬍鬚感知所有事物

鬍鬚不只是可愛

擁有「導航功能」的貓咪鬍鬚，基本上是「高感度接收器」。鬍鬚的毛髮根部周圍連接許多神經末梢，只要尖端碰觸到任何東西，立刻就會把資訊傳到大腦裡。剛出生的幼貓眼睛看不見，靠著鬍鬚就能找到母貓的乳房，甚至在黑暗中也能發揮功用，可說是非常優秀的器官。貓鬍鬚比其他毛髮還要深入皮膚裡3倍，一旦不小心拉扯到會非常痛，因此要小心。

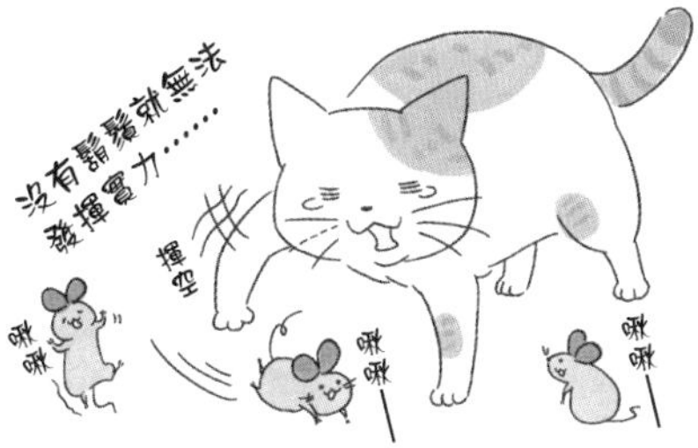

能感知到些微的空氣震動！

貓咪的鬍鬚尖端一碰到東西，就會立刻將資訊傳到大腦，即使是空氣中些微的震動也能感知到。日本自古就流傳「拔掉貓咪鬍鬚就抓不到老鼠」的迷信，就可知鬍鬚對貓咪有多重要。

明明是鬍鬚，卻連腳掌及眼睛也有

說到鬍鬚，一般都會認為是生長在嘴巴周邊。其實除了長在嘴巴周圍，連臉頰、眼睛上方、前腳掌裡都有又硬又長的鬍鬚。貓咪身上的毛大約在直徑 0.04 ～ 0.08mm 之間，鬍鬚的直徑卻有 0.3mm。

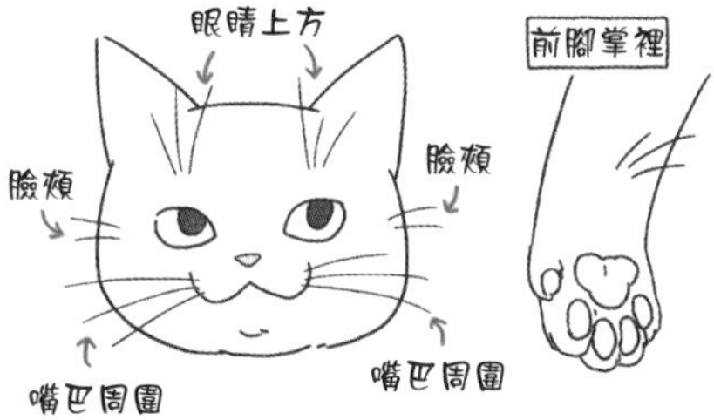

用鬍鬚當測量工具

我們經常在門縫或狹窄的巷道裡，看到貓咪輕巧的身影。從貓咪的鬍鬚尖端畫一個圓，就是貓咪可以通過的寬度。只要用鬍鬚測量一下想進去的地方，貓咪就能知道自己有沒有辦法通過。

memo

貓咪的鬍鬚會定期脫落、重新生長，有些貓奴還會收藏貓咪脫落的鬍鬚。

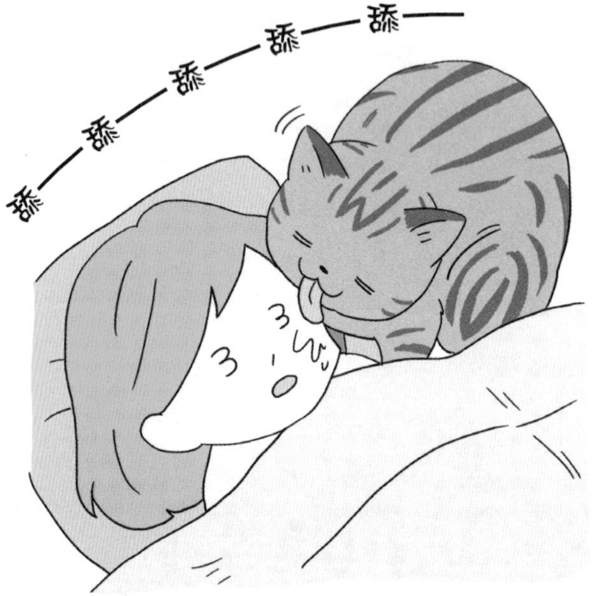

舌頭

從清潔處理到情緒表現

用舌頭舔主人

和貓咪一起生活時，一定會有被舔手的經驗，那是貓咪對你的「愛情證明」。感情親密的貓咪同伴，會替彼此舔舌頭接觸不到的臉頰周圍，幫對方做梳洗。根據研究，牠們也是懷著相同的感覺去舔主人的手，包括在睡覺時被舔臉也是一樣。如果主人想要舔回去當作「回報」，要小心會舔得滿嘴都是毛。

感覺刺刺的舌頭

被貓咪舔的時候，除了會有摩蹭的聲音，皮膚還會有刺刺的感覺。這個刺刺的東西就是貓咪舌頭上的「乳突」構造。它們呈倒鉤狀細密地生長，是為了不讓水份等入口的東西漏出嘴外。

舌頭是貓咪的萬能工具

乳突構造不只是用來留住水份，在吃東西時也能用來磨碎肉類。同時在舔毛時也具備梳子或毛刷的功能，對貓咪來說是不可或缺的萬能工具。如果貓咪的舌頭出現口內炎等病症，一定要馬上帶牠去看醫生。

吃不出鹹味及甜味

貓咪為了避免吃到有毒的東西，對苦味很敏感，而為了不吃到腐壞的東西，牠們對酸味的反應也很強烈，這也是貓咪不喜歡柑橘類水果的原因。另外，貓咪雖然能夠感覺到鮮味，卻對鹹味感覺遲鈍，且完全感受不到甜味。

memo

貓咪使用帶著倒刺的舌頭喝水時，會將舌尖捲成字母「J」的形狀將水舀起來。

牙齒
呆萌的外表下藏著尖銳的牙齒

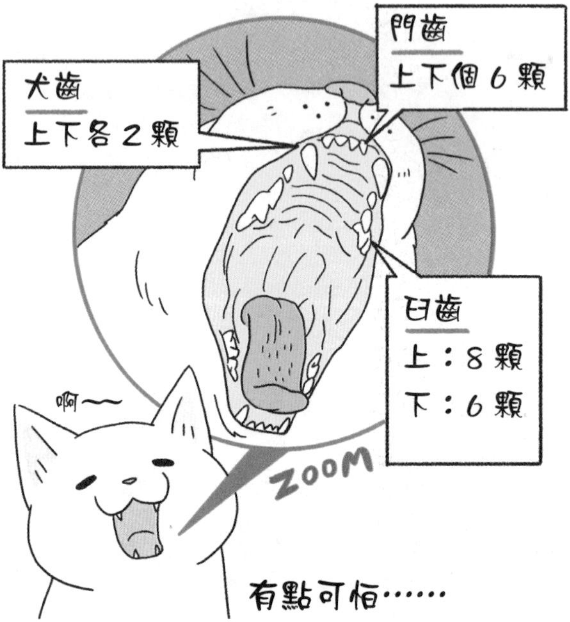

肉食動物的證據

貓咪是肉食動物。聽起來像是在說廢話，但是現代的貓咪幾乎都在吃乾飼料，再加上呆萌的外表，很多人可能已經忘記牠們是肉食動物。

最能展現貓咪是肉食動物的證據就是牙齒。貓咪的牙齒，大致可分為將肉從骨頭上剝離的「門齒」、撕咬獵物的「犬齒」及切碎大塊肉類的「臼齒」，不管哪個部分都很尖銳。

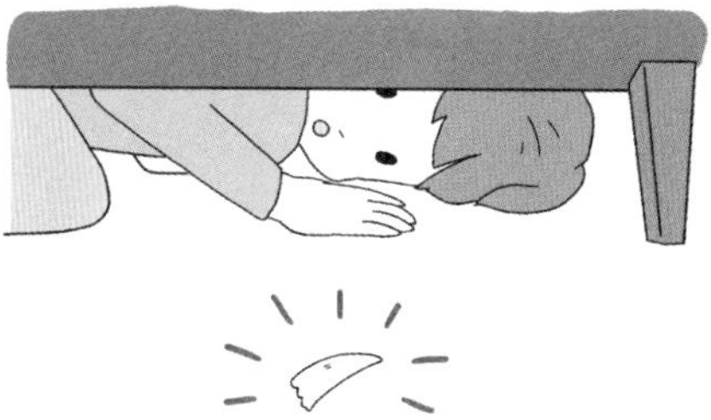

夠幸運才能發現乳牙

很多人不知道貓咪也會換牙。貓咪經常會將脫落的乳牙吞下去，有時候就算掉到地上，也會在不注意的時候被吸塵器吸走。貓咪的乳牙全部有 26 顆，大約在出生 3 個月到 8 個月之前全部換完。

銳利的臼齒是肉食動物的證明

人類的臼齒就如同「臼」這個字，形狀平坦能將食物磨碎；但貓咪的臼齒卻很尖銳，可以將大塊肉類切碎。貓咪平常看起來很呆萌，但只要看到牠們的牙齒，就會讓人想起牠們是肉食動物。

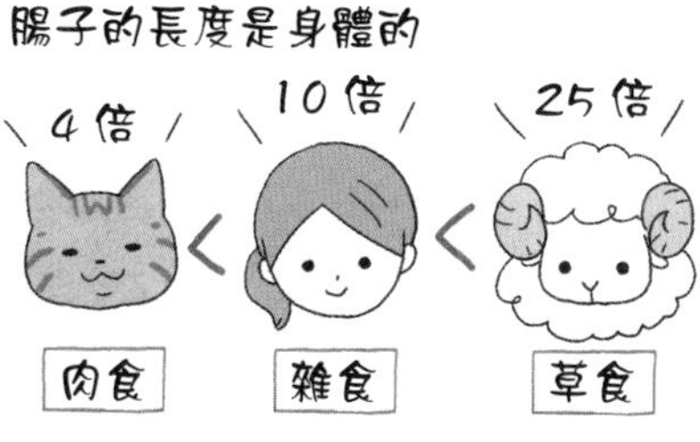

消化構造也屬於肉食動物

在看不見的地方，還有另外證明貓咪是肉食動物的證據，就是腸子的長度。草食動物的綿羊因為需要長時間的消化，腸子的長度是身長的 25 倍；但貓咪的腸子長度只有身長的 4 倍。

memo

一旦牙齒變成黃褐色，就代表牙結石堆積過多，要帶到醫院清除。

肉球
萌爆的肉球力量

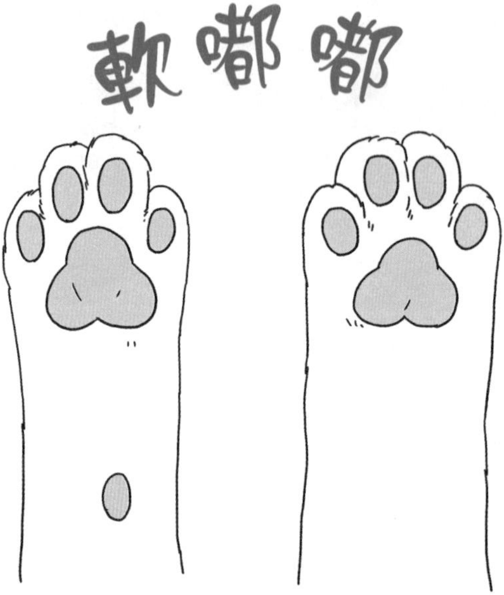

可愛又實用的專用軟墊

就像鬍鬚及貓耳朵，肉球也是貓咪最佳的代表之一。摸起來滑溜溜，壓下去卻軟嘟嘟，很多人都對貓咪的肉球深深著迷。市面上甚至還販售以肉球為主題的周邊商品及寫真集。

貓咪的肉球不只是可愛，如同它的英語「pad」（軟墊），也具備優秀的緩衝功能。貓咪能在室內來去無聲、從高處安全著地，全是因肉球的關係。

從高處跳下來也不是問題

和貓咪在一起生活的人，經常會有「剛剛明明還在同一個房間，不知道什麼時候就不見了？」的經驗。貓咪的肉球可以讓牠們來去無聲，從高處跳下來也不會有聲音，具有緩衝的效果。

利於狩獵的彈性構造

無聲地從背後靠近，瞬間用爪子壓制獵物……這是貓咪的狩獵方式。肉球之所以摸起來軟嘟嘟的，是為了消除腳步聲。家裡的貓咪也靠著軟嘟嘟的肉球讓人類著迷，並心甘情願奉上食物，就這點來說牠們真是狩獵的專家。

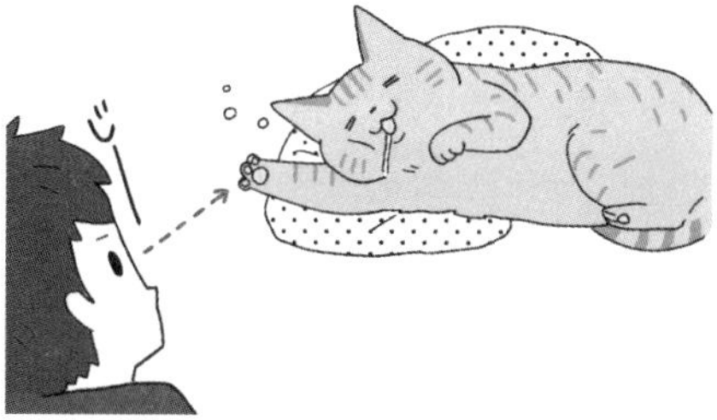

貓咪唯一會出汗的部位

大家有沒有看過地板上出現過肉球的痕跡呢？肉球擁有少數的汗腺，是貓咪唯一會出汗的地方。肉球的汗水不只有防滑的功能，還可以用來標記。

memo

長毛貓的肉球周圍也會長出長毛，如果毛長得太長，貓咪就很容易會滑倒造成受傷，所以要定期修剪。

爪子
隨身的狩獵道具

獵人所隱藏的必殺之刃

只要是和貓咪生活過的人，一定都曾經在玩耍時被貓爪子抓過。貓咪的爪子是為了獵捕老鼠等獵物而進化的特殊武器。

飼養在室內的貓咪，很少能看到其獵人的一面，但如果用玩具來刺激狩獵本能，就會發現牠們出手極為迅速。貓咪常常磨爪，是在維修自己重要的狩獵道具。

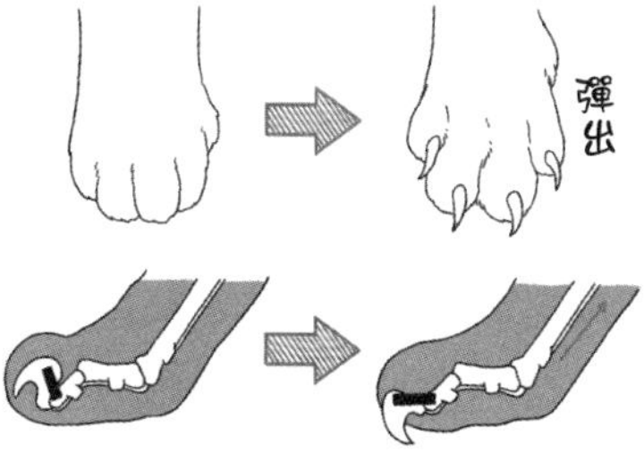

自備收納利爪的地方

貓爪只有在必要時才會伸出來，可以說非常厲害。狗兒在走路時爪子會發出撞擊聲，但貓咪在走路時會收起爪子，所以悄然無聲。平常貓咪腳趾間的皮膚，會像刀鞘般收納爪子，再利用肌腱隨時彈出利爪。

尖銳的爪子是獵人的證明

貓咪磨爪，是為了保持完美的狩獵狀態所進行的武器維修。但那不是要把爪子磨得更尖銳，而是要讓變鈍的老舊爪子剝落，讓銳利的新爪子長出來。

貓咪也有慣用手

長久以來，我們一直以為除了人類以外，其他動物都沒有所謂的慣用手。但根據一個英國的研究，證明了「貓咪也有慣用手」。研究表示，公貓似乎慣用左前腳，母貓則有慣用右前腳的傾向。

memo

貓咪出生 6 個月之前，左右前腳使用的頻率相同，出生後一年才會出現慣用手的傾向。

尾巴

利用尾巴來溝通或移動

尾巴的3大功能

貓尾巴與貓耳朵、肉球一樣，都屬於貓咪的代表特徵。貓尾巴有「平衡」、「表達情緒」及「標記」等3大功能。當中以表達情緒的功能最強，很多人都說「只要看尾巴就知道貓咪的心情如何」。你是否曾經在叫貓咪名字時，只看到牠搖晃尾巴，身體卻完全不動？這是貓咪在說「我聽到了」。用尾巴來進行溝通，真的很像貓咪會做的事。

優雅的秘密

尾巴是貓咪移動時重要的平衡工具。貓咪之所以可以毫無困難地在狹窄的牆頭移動，或是從高處安穩著地，都是利用尾巴前後左右取得平衡才能成功。

貓咪的尾巴＝感情

貓尾巴永遠老實呈現牠們的心情，例如尾巴直直向上就代表信賴。貓咪雖然不像人類一樣會說話，但只要看牠們的尾巴，就知道牠們在想什麼，可以讓人與貓咪的生活變得更輕鬆。

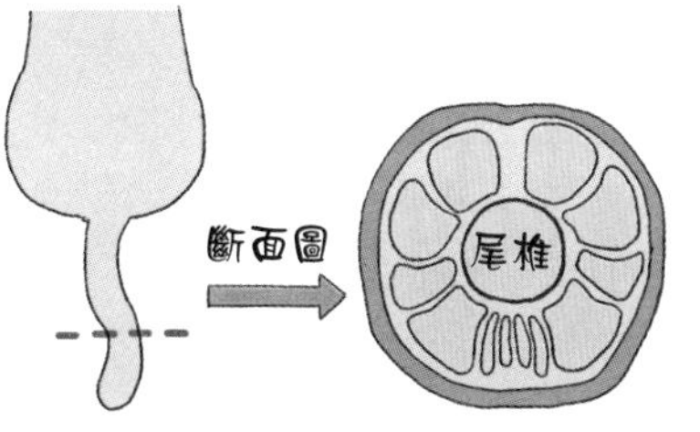

尾巴能靈活移動的原因

貓尾巴是由一截截短小的尾椎骨所形成，再加上尾椎周圍有 12 條肌肉，神經整個連結到尾巴尖端。如此複雜的構造，才能讓貓咪的尾巴感情豐富地靈活移動。

memo

大家知道「香蒲」這種植物嗎？因為它長得很像貓的尾巴，所以英文就叫「cattail」。

骨骼與肌肉

特有的靈活動作，秘密就藏在骨骼裡

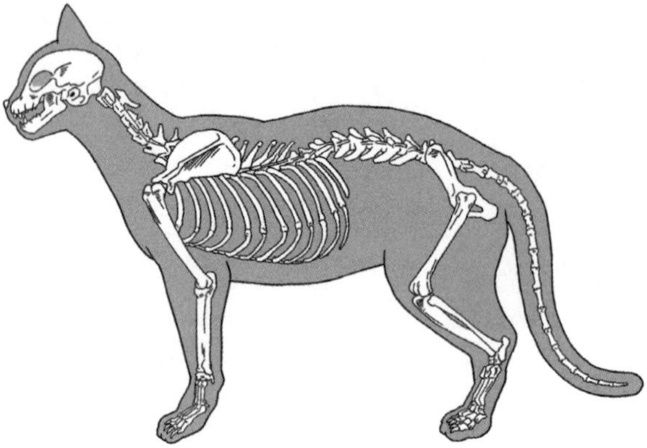

光看骨骼就像小型虎

貓咪的骨骼具有所有貓科動物共通的構造，就像老虎及花豹的縮小版。

貓咪的骨頭數量比人類多40根，總共244根。當中最特殊的，就是連結「腰椎」的「椎間板」這塊軟骨，不但讓貓咪的身姿變得柔軟優雅，更能讓牠們輕鬆通過狹窄的空間。

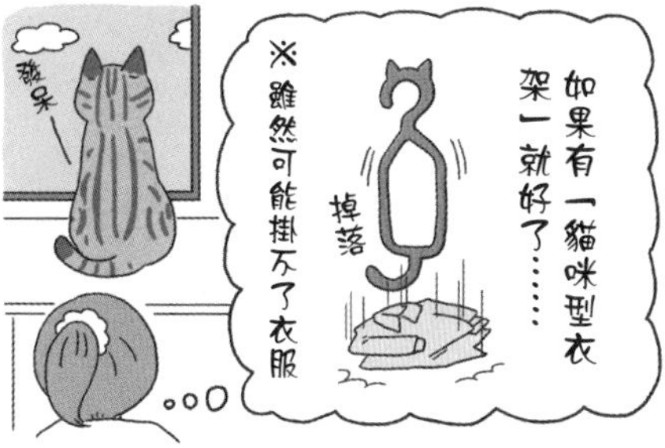

貓咪的優雅來自「超削肩」

貓咪的肩膀是「削肩」，雖然前腳上部的上腕骨與肩胛骨有連接，但鎖骨卻沒有連接到肩膀的關節。也就是說，貓咪的肩膀並沒有被固定。因此，只要頭部可以通過，肩膀就不會卡住，身體也能輕鬆穿過去。

彈簧般的後腳

貓咪後腳的肌肉非常發達，因此可以讓牠們輕鬆跳過比自己高好幾倍的牆壁。如同彈簧般的肌肉，會讓貓咪在移動時變得更敏捷。

壓制獵物的下顎力量

貓咪的下顎肌肉跟後腳同樣發達，這是為在狩獵時可以用牙齒咬穿獵物，因此對貓咪來說是非常重要的部位。有人被貓咪輕輕啃咬就覺得疼痛，要是貓咪發揮真正實力，那才真的是慘劇……

memo

貓咪的奔跑速度最高可達時速 50 公里，最高可跳至身高的 5 倍高度。

身體的成長

出生一年半就相當於成人

將貓咪的年齡，換算成人類的階段

剛出生的小貓大約一百公克左右，體型只有手掌大小。但是出生1年之後就會迅速長大，成長至4公斤左右。

將貓咪的成長換算成人類的年齡，出生後3個月是5歲，9個月是13歲，1年半是20歲。之後5年是36歲，10年是56歲，15年是76歲，20年是96歲……以這樣的方式成長。

第 2 章

喵相遇：飼前認識與準備

寧寧的假日
叮咚—
哦？來得真早～
寧寧——我來看小貓咪了！
同時期進公司的同事 小愛
和貓咪一起生活的感覺如何？
這是蛋糕
謝謝——♥
很快樂哦——！
會擠到我的被子裡睡～
怪臉也好可愛
總是自由自在的～
還有啊還有啊
停不下來了……

我還拍了一堆照片，要看嗎!?
我會看的
……妳先冷靜下來。
……對了，虎吉呢？
躲在對面的房間裡。
其實，我也有點想養貓呢……
對厚，妳搬到了可以養寵物的公寓——希望妳可以找到好貓咪～
不知道誰會成為妳的家人——
對了，聽說養貓很簡單，是真的嗎？
很簡單……？

怎麼可能簡單？畢竟是一條小生命，問題很多呢！
嚼、嚼
是哦？那要注意什麼？
像是生活模式改變後，還能不能持續下去？是否負擔得起醫藥費等等……
那的確非常重要……
整頓出適合貓咪的環境……
教導貓咪上廁所或磨爪也需要時間
搔抓
搔抓
搔抓
有些貓咪會做標記……
喵啊
食物的禁忌也很多
原來如此

唯一方便的，就是貓咪不需要散步。
出門小心——
只要做好準備，就能乖乖一個人在家……
為了貓咪，我得多查些資料做準備了！
感到幸福的時刻有很多哦！像是每次回家看到貓咪出來迎接，疲勞都會一掃而空。
歡迎回家
那個要怎麼找到自己想要的貓咪呢？
主要有幾種方法，選擇自己最適合的方式就好。

準備與規劃

飼養前務必謹慎考慮

為生命負責不能只是心血來潮

據說，室內飼養的貓咪平均壽命可以到15歲。與貓咪一起生活，不能只是一味地溺愛，主人必須要有一輩子照顧牠的自覺與責任。從日常飲食、處理排泄、健康檢查、疫苗接種等各種照養事項，飼養貓咪不僅花錢，更需要花時間。

此外，貓咪的性格及照顧的方法會依性別及品種而不同，在選擇時，要仔細與家人討論，衡量自身狀況，才能找到最適合自己的貓咪。

貓咪也有高齡社會？

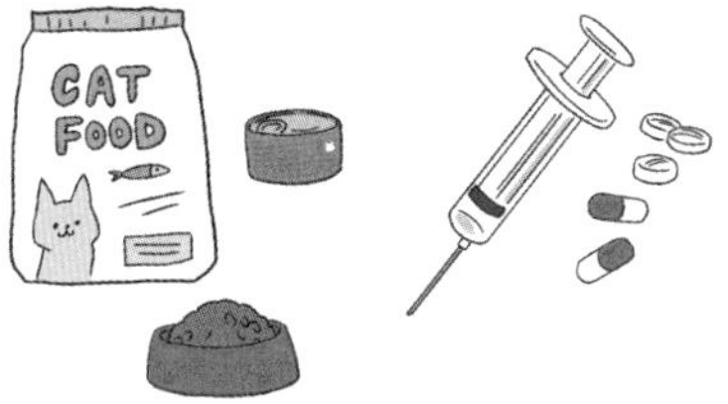

隨著醫療的進步及飲食的改善，貓咪的壽命也和人類一樣大大延長，特別是家貓比野貓更加長壽。隨之而來的，就是老化及長期慢性病的照顧等問題。

花費的費用？

飼養貓咪所需花費的飼料費及醫療費等，會依生活環境及貓咪的體質而不同。據說貓咪一生最少需要花費 40 多萬台幣，這還是最基本的預算。除此之外，還要加上以防萬一的緊急資金，才能比較安心。

環境的注意事項

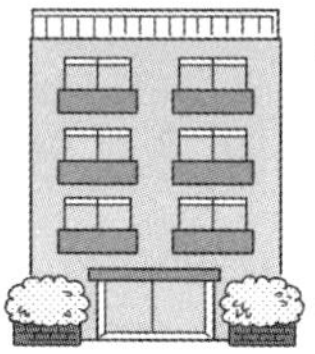

集合式住宅
- 不能偷偷飼養
- 會有討厭貓的人
- 地板一定要做好隔音

透天厝
- 要做好髒污及損壞的準備
- 避免吵到鄰居
- 預防貓咪脫逃

附近可能會有討厭貓咪或對貓咪過敏的人，因此在清掃庭院或陽台上的貓毛時要特別小心。如果是集合式住宅，不管房子是租賃或是購買，都一定要遵守大樓的規定，同時也要做好隔音的準備。

memo

若真的很想養貓咪，飼養前一定要慎重考慮。

選擇貓咪的方式

一見鍾情很浪漫，但也要注意喜好及習性

做好計畫才能適才適所

若想養貓，通常可以透過「寵物店」、「貓舍」及「領養平台」等3種方式。如果要選擇特定的品種，至經合法認證之寵物店或貓舍購買比較恰當（建議可以的話，還是以領養取代購買）。不論是哪種方式，都一定要注意貓咪的健康狀態，以及是否有遺傳性疾病。

找到貓咪後，在共同生活之前，要記得盡快前往動物醫院為貓咪做健康檢查，確認是否罹患人畜共通傳染病。

寵物店

去寵物店時，應仔細觀察店家環境，店員的照顧狀態以及應對態度。選擇一個將貓咪當成珍貴生命而非商品的店家，當然售後服務也很重要。

貓舍

選擇一個可隨時歡迎飼主直接拜訪，同時願意公開飼育、繁殖環境的誠實貓舍。當種貓的血統特別優秀時，經常會被迫過度繁殖，在購買前一定要再三確認母貓的狀態。

領養平台

除了各領養社團，以及各區的動物收容所，有時動物醫院也會有貓咪送養。有些送養社團會要求資格審查及手續費，還有遵守領養貓咪所要求的規定。

memo

除了這些方式，還可以認養野生貓咪。首先要記得帶浪浪們去醫院做健康檢查，確認牠們的疾病及健康狀態。

貓咪的種類

常見貓種介紹

阿比西尼亞貓

體型優雅，個性活潑友好。頭腦聰明，對主人十分順從，擁有狗狗般的忠誠。因為容易飼養，所以很受到歡迎。

美國短毛貓

屬於貓咪當中的運動健將，既活潑又擁有強烈的好奇心。個性黏人，也願意親近其他動物，適合多隻飼養或與其他動物混養。

米克斯

混血貓的暱稱，具有各種體型及毛色。一般來說比純血種更健康，個性也較開朗穩重，是很容易飼養的貓種。

緬因貓

愛好熱鬧及玩耍，是屬於運動量大的活潑長毛貓。性格寬容開朗，適合多隻飼養或與其他動物混養。

芒奇金貓

最大的特徵就是牠的短腿，可以說是貓界的臘腸狗，但仍擁有貓咪靈活的運動神經。愛好熱鬧，有強烈的好奇心，很親近主人。

挪威森林貓

野性強悍，運動神經極高，長毛加上雍容華貴的體型，看起來十分有威嚴。頭腦聰明，地盤意識強烈，但是卻很怕寂寞。

布偶貓

蓬鬆可愛的外型，穩重的個性，再加上願意被人抱的耐性，獲得了「布偶貓」這個名字。特徵是稍大的體型。

波斯貓

蓬鬆的長毛與略短的腿，給人可愛的感覺。個性非常黏人且友善，自古就十分受人喜愛。

蘇格蘭摺耳貓

特徵是下折的短耳，最初在蘇格蘭發現，是一種基因突變的貓，不過現在已經很難找到耳朵完全下折的摺耳貓了。個性溫和親人，是很容易飼養的品種。

俄羅斯藍貓

絲絨般滑順的灰色短毛，雖然個性親人卻又十分膽小，很少能聽見牠的叫聲。

重點

全世界的貓種約有 30 到 80 種，數量多樣。雖每個品種都有其體型與性格上的特徵，但貓咪個性的形成，仍視貓咪本身、飼養環境及與主人之間的關係。
（編按：每個生命都有其重要的存在意義，只要有緣相遇，不論是否為品種貓都應好好珍惜。由於台灣的棄養比例及不當繁殖較為嚴重，以領養取代購買，會是在生命教育與社會環境上更好而更效益的方式。）

加坡貓

體型最小的貓種，具有強烈的警戒心及好奇心。運動神經靈敏，動作迅速且優雅，叫聲很小，是屬於文靜的貓種。

必備用品

可先預備的基本用具

食盆與飼料

大多數的貓咪喜歡開口寬闊，不會碰到鬍鬚，不會遮蔽視野的淺底食盆及水盆，如果有點高度會更容易進食。飼料有乾式及濕式兩種，多一點變化，貓咪也比較不容易吃膩，也可以選用獸醫師推薦的飼料。

各種美容用品

如果是長毛貓，每天都需要刷毛；短毛貓則要看季節，但一個星期至少要刷一次毛，可以依毛的長度及自己的喜好選擇用具。牙刷及指甲剪最好可以購買貓咪專用的道具。

貓床

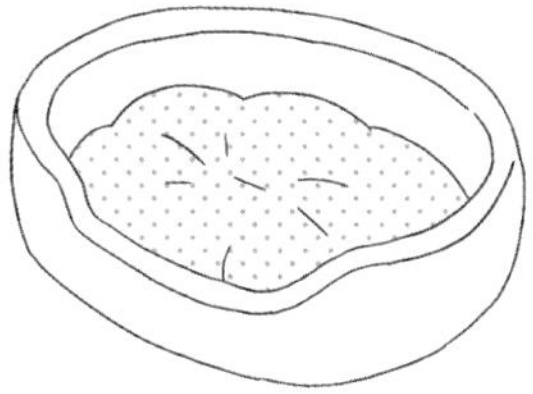

貓咪喜歡蓬鬆舒適又有包覆感的空間。可以先選擇稍大的貓床，等了解貓咪的喜好之後，再添加牠喜好的布料做調整。

貓砂盆

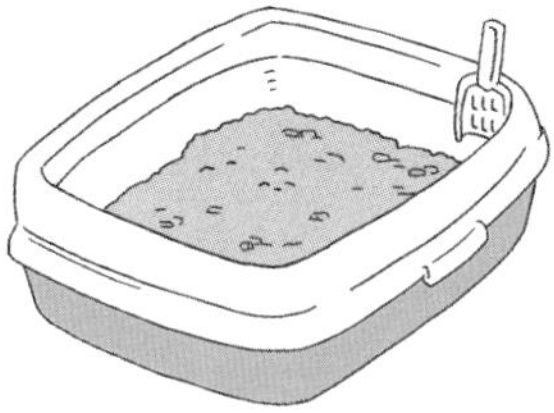

貓砂盆也有深度、大小、有無蓋子等各種類型。如果貓咪不肯使用貓砂盆，可以試著用紙箱蓋住或換個地方擺放。

貓抓板

有直立式及平放式等各樣種類，如果貓咪不使用貓抓台，很可能是不符合牠的喜好。

玩具

不是市售的玩具也沒關係，不過市售商品選擇眾多，挑選起來別有樂趣。大型及高價的玩具，還是等了解貓咪的個性之後再購買比較好。

外出包

出外去醫院等地方時要使用外出包，有側背式、背包式及前抱式等型式，使用時要記得扣好防止脫逃的安全扣環。

貓跳台

如果房間的環境不允許，可以不用勉強擺放，但貓跳台對消除貓咪的壓力及運動不足十分有效。許多跳台有各種功能，可以慢慢選擇。

memo

為了避免意外，項圈最好選擇可以伸縮、解開的款式，鈴鐺的聲音會造成貓咪壓力，不使用為佳。

心理建設

愛牠，就要了解牠

與貓咪共同生活的7大要項

❶ 人要配合貓咪

❷ 成為貓咪最愛的主人

❸ 不要硬性調教

❹ 不期待貓咪有回應

❺ 注意貓咪的健康與安全

❻ 把貓咪當成親生孩子般給予幸福

❼ 沒有懲罰只能預防

❶ 人要配合貓咪

貓咪雖然與人類共同生活，卻仍殘留著野性的本能，自由不受拘束，所以不會乖乖聽人類的命令。

❷ 成為貓咪最愛的主人

不要對貓咪的回應有太多期待，讓貓咪能主動對你要求更多愛，才是成功的主人。

❸ 不要硬性調教

斥責調教對貓咪是沒有用的，如果強迫貓咪的話，只會增加牠的厭惡。

❹ 不期待貓咪有回應

控制自己期望貓咪出現高興的反應，無條件地給予很多的愛，就算貓咪反應冷淡也不要在意。

❺ 注意貓咪的健康與安全

貓咪的身體健康及安全是主人的第一要務，無論什麼時候，都要記得只有自己才能守護貓咪的生命。

❻ 把貓咪當成親生孩子般給予幸福

貓咪跟孩童一樣是需要守護的，要把牠當成家族成員全力愛護。

❼ 不能懲罰只能預防

我們只能預防貓咪做出惡作劇及令人困擾的行動，如果是已經發生的事，就只能當成自己的疏忽，摸摸鼻子認了。

memo

貓咪的喜悅就是主人的喜悅。
只要用真心，就能與貓咪構築理想的生活。

「預防」重於訓練

過度強迫只會造成彼此壓力

THE BEST 10

飼養貓咪時最困擾的事

1 標記地盤
2 磨爪
3 隨地大小便
4 亂藏、亂丟東西
5 太過激動導致東西損壞
6 咬壞、抓壞東西
7 破壞書本或衛生紙
8 誤飲・誤食
9 早上叫床
10 掉毛

創造讓貓自由的環境

貓咪討厭受到限制。為了一起快樂生活，須要事先理解貓咪的習性，記得「預防重於訓練」，養成貓咪的好習慣。

貓咪習慣在固定的地點上廁所，因為比較容易記住排泄的地方。另外，磨爪是貓咪的本能，所以不能制止牠，可在柱子或家具附近放置磨爪專用的貓抓板，或經常剪指甲來做預防。

在常磨爪的地方放貓抓板

貓咪會在沙發或皮靴上磨爪，在皮製品上標記氣味。為了預防，可以在牠經常磨爪的地方放置貓抓板，並且把有氣味的東西收起來，不要讓貓咪進入衣櫃等不想被弄髒的地方。

打造安全的行動範圍

不要在貓咪跑動或遊玩的範圍內，置容易損壞或掉落的東西。另外，貓咪的視線注目範圍比想像中的高，想把東西放到貓咪碰不到的地方，有時會造成反效果。

不要隨便亂放東西

像細小的鈕扣、彈簧或線團要小心別被貓咪吞下去，另外也要注意不要放置蔥、乾燥劑或貓咪誤食會有害的觀葉植物，很可能會致命。主人的預防是最重要的。

memo

1. 如果貓咪隨地大小便，問題很可能出在貓砂盆。
2. 刷毛可以預防大量掉毛。
3. 經常和貓咪玩可減少一些問題行為。

無法養貓者～地區浪貓篇～

為地區浪貓提供協助

合適管理，讓人貓和平共存

有些地方，因用不當的方式餵養流浪貓，而造成該地區在環境上的衝突問題。近幾年來，有許多相關保育團體在各處進行管理、結紮，等合適的措施。最好的例子就是俗稱「貓島」的福岡縣相島，人類與地方上的貓咪保持著適當的共存生活空間，吸引許多國內外的愛貓人士爭相到訪。

大家都要知道的TNR

T是捕捉（Trap），N是結紮（Neuter），R 是放回（Return），也就是捕捉流浪貓，施行結紮手術，再將牠們放回原處。只要能持續進行，就能大幅度減少地方上的流浪貓。有些地區則會定期餵食，以防止流浪貓翻找垃圾，也會清掃貓糞或不時巡邏照顧。

領養代替購買

如果家裡允許養貓，可以考慮用領養代替購買。不過流浪貓一開始會有缺乏信任、不習慣家養的問題，需要長期用愛關心。很多時候牠們也會感染疾病，領養前一定要經過獸醫師診斷。

注意

隨意餵食是不負責任的行為

如果總是一時興起或想到才去餵食，不管對當地或是流浪貓本身都是極大的困擾。流浪貓會為了覓食而群聚，發出噪音或翻弄垃圾，貓的糞便也會汙染周圍環境，而成為討厭貓咪人士的目標。

memo

若因種種原因無法飼養，為了與貓咪可以幸福地共同生活，還是有許多可以做的事。

無法養貓者 ～貓咪咖啡廳篇～

與貓咪玩耍的療癒空間

找到自己喜歡的貓咪咖啡廳

世界各地都流行著貓咪咖啡廳的風潮，從大型連鎖店到小型個人店，有各種規模及類型。有些店會允許客人在店裡餵食或抱貓咪，有些店則禁止客人主動接觸貓咪，每家店的規則或收費也都不一樣。有些咖啡廳還兼做保護流浪貓的中途之家。

原則上一定要遵守店裡的規定，希望大家都能找到自己喜歡的貓咪咖啡廳，然後與店貓成為好朋友。

被店貓喜歡的訣竅

- 不要勉強撫摸、追逐
- 不要一直盯著貓咪看
- 不要大叫或做出突然的動作
- 靠近時，用平穩的聲音對牠說話
- 自然地將視線高度調整到與貓咪一致
- 貓咪過來撒嬌時，輕輕撫摸牠

在海外也深受歡迎

聽說貓咪咖啡廳的發源地在台灣，但目前全球已將之視為日本的流行文化。現今在倫敦、巴黎、紐約等歐美大都市都已陸續展店，許多貓咪咖啡廳的預約都到了數個月後，人們對貓咪的愛真是無遠弗屆。

memo

直到能與貓咪一起生活之前，去貓咪咖啡廳一邊療癒、一邊預習吧！

舒適穩定的安居空間

打造安心、安全的環境

隨時觀察，並做調整

對於家貓來說，每天生活的家就是「全世界」。因此，了解貓咪的習性，打造一個沒有壓力的環境是相當重要的事。最基本的，就是將可能危及貓咪的東西都收好，準備一個可以放鬆的貓床，以及可讓貓咪攀爬的高處空間。

而好奇心旺盛又活潑的小貓，與精力衰退的老貓所要注意的點也不相同，須隨著貓咪的生長階段打造不同的舒適環境。

打造適合貓咪生活的環境

❶ 貓床

放在人的動線之外或桌子底下等可讓貓放鬆的地方。

❷ 貓跳台

可以幫助解消運動不足及壓力，放在窗邊可以看外面風景。

❸ 貓抓板

找到貓咪喜歡的類型及地點，多放幾個。

❹ 有高低落差的家具

在貓咪可上下跳躍進行玩耍的地方，不要放置易損壞的東西。

❺ 門檔

避免貓咪被門撞到或夾到。

❻ 小心高處的窗戶

貓咪喜歡往高處跳，要記得閉緊高處的窗戶。

全室內飼養的好處

希望貓咪長壽，最好全室內飼養

足夠空間，足夠安心

對貓咪來說，外面的世界可說是危機重重。除了交通事故或感染傳染病等危險，牠們的排泄物也可能造成附近鄰居的困擾，因此日本現在大力推行全室內飼養。

對於室內飼養的貓咪來說，「地盤外面」——也就是家門外的世界是充滿不安的。農地多的區域貓咪可能會吃到農藥或除草劑，外面也可能會有怕貓或對貓敏感的人。

外面的世界危險重重！

遇到交通事故

貓咪給人的感覺很靈活，卻非常容易遇到交通意外。牠們在遇到車子逼近時，不會逃跑，反而會拱起身體採取防衛姿態，晚上被車燈照到也會為看不見而不敢動彈。

遭到虐待

許多討厭貓的人，會因為貓咪帶來的麻煩而產生憤怒，甚至是怨恨的情緒。新聞報導中出現的虐貓事件並不是少數的特例，不只是流浪貓，連人類飼養的家貓也非常危險。

感染傳染病

大部分的流浪貓身上都有一些疾病，打架或與其他貓咪接觸都會提高傳染的機率。有時在草叢、其他貓咪身上傳染到的跳蚤或蝨子也是致病的原因。

memo

若採取放養，會有打架受傷或誤食農藥的危險，還可能迷路回不了家。

屋子裡不可放置的東西

人與貓咪覺得舒適的環境並不一致

安全考量大於美觀

在人類生活的房間裡，有些東西對貓咪來說可能有害。像是萃取自植物的精油，對貓咪來說就是強烈的劇藥。

另外，最好也能避免擺放觀葉植物或花卉，目前已經確認有二、三百種植物會造成貓咪中毒。還有一些人類使用的藥物及膠囊成份，只要少許就會導致貓咪死亡，因此要非常注意保管的地方。為了防止意外發生，家裡各處都要仔細檢查。

需要注意的事項

精油／線香

精油是萃取自植物的濃縮有機化合物，對貓咪來說刺激太過強烈，有些甚至是劇毒。

花／觀葉植物

百合科、石蒜科或塊莖類植物等，會造成貓咪中毒的植物多達數百種。

香菸

就算人類的幼兒誤食也會造成危險，當然對體型嬌小的貓咪也一樣。

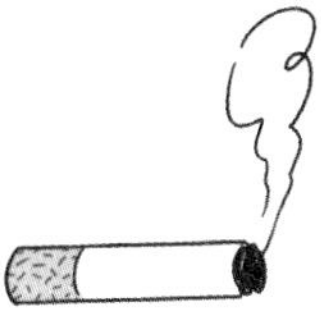

膠囊

人類使用的處方藥物，就算不是毒藥，對貓咪來說也太過強烈，會造成危險。

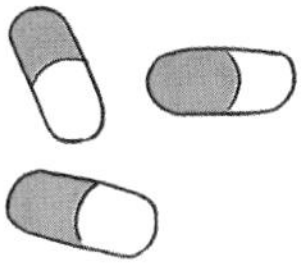

電線

可能會被貓咪啃咬而造成觸電，如果實在無法藏起來，可以使用捲式束帶做好防護措施。

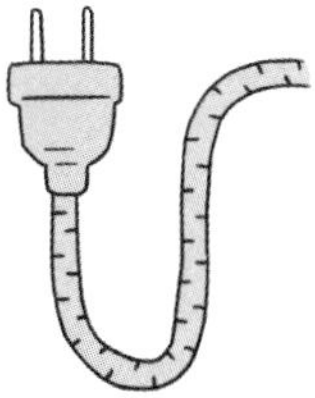

柑橘類香味

雖然不是所有柑橘類對貓咪來說都是毒，但貓咪討厭它們的味道。

給予放鬆的貓跳台

從高處俯看可以讓貓咪放鬆

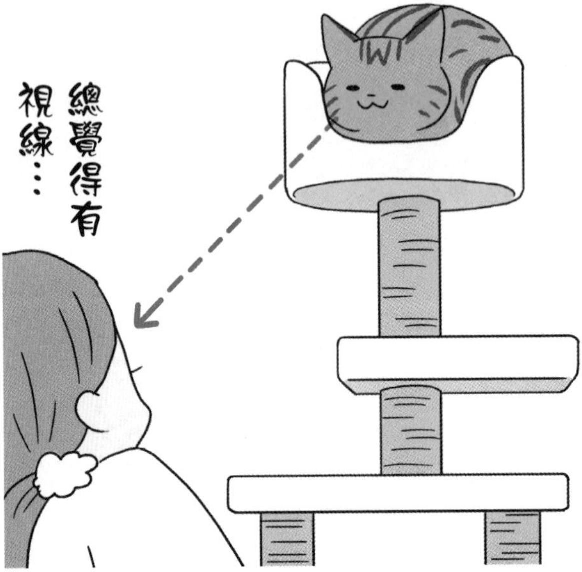

打造可以滿足爬高欲望的上下運動空間

貓咪喜歡高處，這是遠古時獨自在外狩獵所遺留的本能。站在高聳的樹上不但可以防衛敵人攻擊，也很容易監視獵物。另外，據說在貓咪的世界裡，佔據越高的位置代表的地位越高。

理解貓咪這些習性之後，記得不要在書櫃或冰箱上面放置多餘的物品，確保貓咪可以安心待在高處觀察。同時也能放置讓貓咪可以上下活動、消除運動不足的貓跳台。

設置貓跳台的要點

可以用家具代替

如果家裡無法放置貓跳台，可以利用組合櫃等傢俱來製造高低落差。

設在窗邊可以從高處俯看

很多貓喜歡觀察窗戶外面，將貓跳台放在窗邊，可以讓貓咪從高處觀察外面，會讓牠心情愉快。

選用起毛材質才能防滑

許多貓咪一玩起來就會過度興奮，盡量選擇防滑、對爪子或腳掌負擔較小的起毛材質。

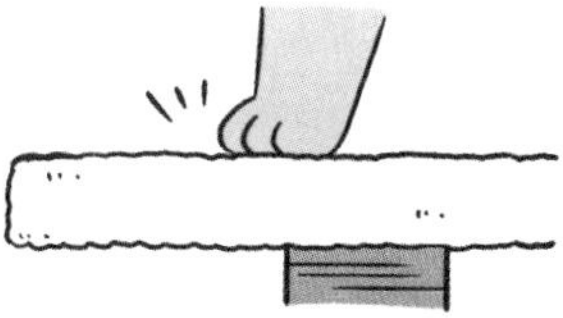

圓形的跳台邊角比較安全

為了避免貓咪太過興奮撞到邊角，選擇圓角比較放心，家裡有幼童時也一樣。

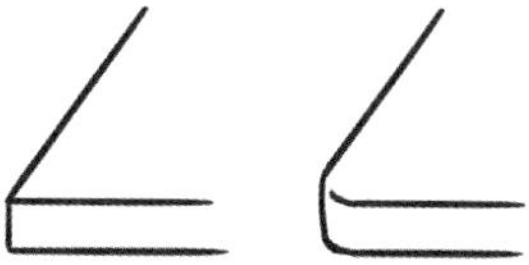

memo

小貓或老貓需要準備跳板，或縮小跳台的高低差，準備跳台時要記得考慮年齡。

貓床使用與放置

貓咪最大的幸福，就是在喜歡的地方睡到飽

讓貓咪自由選擇睡覺的地方

據說貓咪一天平均要睡16到17小時，幾乎等於一天大部分的時間，因此睡覺的地方對貓咪來說十分重要。

貓咪喜愛的貓床材質及擺放地點，會因本身的個性、成長環境、溫度及濕度等外在因素而有所變化。可在家中比較少人出入，以及沒有燈光刺激的地點，多擺放幾個可以讓貓咪舒服睡覺的貓床。而比起市售的高價貓床，更多貓咪反而喜歡宅配時留下的紙箱或毛毯。

各式各樣的貓床

坐墊

洗衣籃

浴缸蓋子上

膝蓋上面

放置貓床的注意事項

與人類生活空間的關係？

盡量避免放在家人頻繁走動的地方，可選擇有點人類生活氣息、貓咪又能獨自休息的空間。

與溫度的關係？

向陽處、陰影處、溫毛毯、涼布巾，可多給予貓咪不同溫度的場所選擇。因有些貓咪就喜歡在「溫泉區與冷水區」間到處走跳。

貓砂盆的使用

基本數量與清潔

要經常確認排泄狀況

當主人不在家或晚上就寢後，就不會有人清理貓砂盆。為讓貓咪隨時有乾淨的貓砂盆可以使用，最好能在家中各處放置2～3個貓砂盆。

貓咪的排泄狀況是健康的指標，所以放在主人能定時觀察到的位置比較好。為了保持貓砂盆的潔淨，需要經常清理。貓砂盆至少要具有能讓貓咪轉身的空間，貓砂可多嘗試幾種類型，選擇出貓咪喜歡的材質。

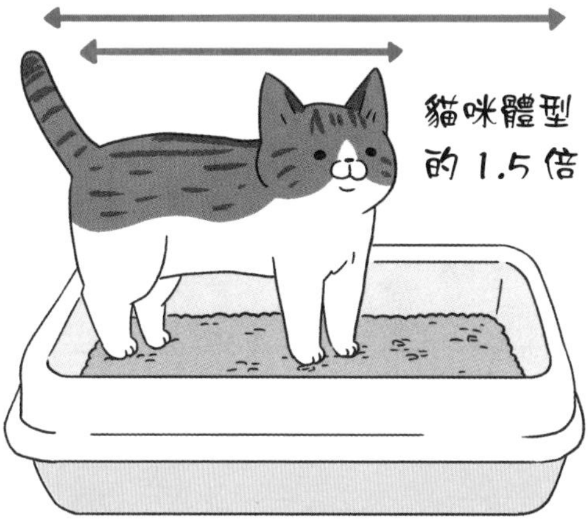

放置的重點

貓咪在排泄時會變得十分神經質，因此貓砂盆最好放在安靜的角落，但也不要距離貓咪活動的區域太遠，以免影響排泄的頻率。如果家裡有許多貓，就要特別注意個別的排泄狀況。最理想的環境是，擁有數個不同的貓砂盆地點，以及不只一條的到達路徑。

貓砂的選擇

無論是貓砂或貓砂墊都許多選擇。有些貓咪對氣味及觸感很挑剔，這時就要配合牠的喜好。貓砂盆也有容易清洗、碰到尿液會變色等各種的類型（容易清洗的貓砂大部分都不大能辨認尿液顏色）。

memo

換新的貓砂盆時，記得放入一些沾有貓尿氣味的舊貓砂或貓砂墊。

貓抓板的使用

建立磨爪的快樂空間

直立式、平放式、瓦楞紙、木頭……以喵咪喜歡的為主

很多主人對於貓咪在磨爪時，弄傷家具或柱子這件事很傷腦筋，但由於磨爪是貓的本能，因此不管再怎麼教育，都很難改變這個習慣。

解決的方法，就是在家具、真皮沙發或柱子等處放置磨爪板。種類有木頭或瓦楞紙、麻繩等，可以多加嘗試來找到貓咪喜歡的材質。一旦確定貓咪的喜好後，再加強放置的地點、角度或種類。

養成良好的磨爪習慣

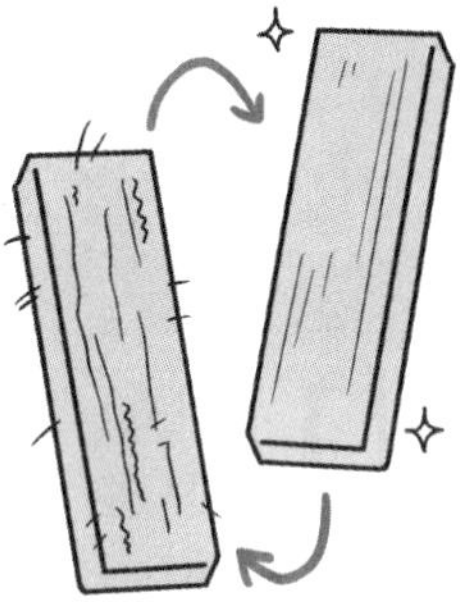

馬上要換新

舊的磨爪板摩蹭力會變弱，貓在磨爪時就會沒有快感。磨爪板不需要買太貴的，重點是要勤加更換。當看到貓咪快樂地在新的磨抓板上抓來抓去，其實也是一種樂趣。

從小要教育

主人可以先示範磨爪的方式，再溫柔地抓起幼貓的前爪讓牠跟著做，只要沒有地點或喜好的問題，幾次之後，貓咪應該就會開始用往習慣的磨爪板磨爪了。

放置磨爪板的重點

- 貓咪喜好磨爪的地方
- 布製或藤製家具的附近
- 能讓貓咪放鬆的地方
- 進食地點附近

理解貓咪喜歡磨爪的本能，並事先放置好磨爪板。很多貓咪習慣吃完飯後磨爪，所以可在貓咪進食的地點附近放置磨爪板。不要強迫貓咪照人的習慣磨爪，而要配合貓咪的喜好，這樣才能預防不好的磨爪習慣。

給予貓咪「個人空間」

任其發揮「躲貓貓」的本能

沒有幽閉恐懼症，窩在狹小空間才能安心

除高處之外，貓咪也喜歡能把整個身體塞入的狹小空間或洞穴，這是過去野生時期所殘留的本能，主要是要防禦敵人的攻擊。若想充分滿足這些本能上的欲求，可在高處或走廊角落等「秘密空間」放置一些紙箱或隧道狀的玩具，可讓貓咪獲得極大的快樂。

不過，如果貓咪完全不進食，又長時間躲在隱秘的地方，就須注意是否可能出現健康上的問題。

躲起來才安心

貓咪只要看到陰暗處或狹窄的地方，就會想躲進去。很多時候，主人想找都找不到。

客人來訪時

如果家裡有客人來訪，要確保貓咪有躲藏的空間。若狀況允許，可將客人不會進入的地方留給貓咪躲藏。

重點

- 只需要一點空間
- 地點不需要多特別，像窗簾後面或家具背後等貓咪可以躲進去放鬆的地方都可以。
- 有時貓咪躲起來是希望主人去找牠，如果感覺到貓咪的視線，就去找牠給牠驚喜吧！

memo

有時貓咪會刻意隱藏，此時就算發現到牠的身影，最好也假裝沒看到。

保留門縫

除了禁止進入的房間，其他地方都讓貓咪自由巡視

讓貓自由巡視，以免造成壓力

如果聽到貓咪在門外叫，或用爪子拼命抓門，就代表貓咪在說「把門打開！」。為了標記地盤，貓咪會在家裡四處巡視，順便尋找自己喜歡的休息地點或溫度舒適的地方。

如果房子是租的，無法在房門下方裝設專用的「貓門」，建議每個房間都可以留一點門縫，以便貓咪四處移動。

讓門與貓咪建立好關係

冷暖氣房與貓咪的相性

一般來說，貓怕冷但不怕熱。因此，主人認為舒適的冷氣溫度，對貓咪來說可能太冷。只要家裡的門都有留縫，貓咪自己會找到舒適的地方。如果貓咪只能被迫關在冷氣房或小套房，就太可憐了。如果家裡的房間會有溫度差，盡量確保貓咪可以選擇自己想待的地方。

夢想的貓門

可以讓貓咪自由來去的貓門，對貓咪及主人來說，是非常方便又好用的工具。可以防止冷暖氣的空氣跑掉，也不用一直留門縫或把門開開關關。不過，事後才裝設貓門有些困難，算是比較高難度的挑戰。買新房子或重新裝潢時倒是可以優先考慮。

memo

可以使用門擋防止門被不小心關起來，或貓咪被門撞到、夾到。有些聰明的貓咪會開門，如果不想被貓闖進去，要記得把門鎖上。

打造不讓貓逃走的環境

做好預防與對策，度過安心的每一天

貓咪不是討厭家裡，純粹是好奇心。

許多貓咪只要找到機會，就會想跑出去，因此在窗戶和陽台等容易鑽出去的空隙，務必要設置防護網或防護欄，另一方面也能預防意外摔落的狀況。貓咪也可能在大門打開時趁機跑出去，記得要設好圍欄或關好前門，以杜絕貓咪跑走的可能性。

另外，最好可以替貓咪戴上防走失掛牌或植入晶片，一旦不小心跑出去，找回來的可能性也比較高。

防止貓咪跑出去的對策

玄關

貓咪通常會在第一時間察覺主人回家，為了不讓牠從玄關跑出去，最好可以在玄關內部加裝輔助門。

陽台

對貓咪來說，從陽台跳下去或爬到屋頂簡直是易如反掌，最好用防護網完全封住或乾脆不讓貓咪出去陽台。

窗戶

窗戶是貓咪最常逃脫的地點。如果沒有鎖上，有些貓咪還會自己打開。最好可以完全密封，或設置控制窗戶打開的角度範圍。

如果貓咪走失了

在附近尋找

先冷靜地在附近呼叫貓咪的名字。有時貓咪會嚇到不敢動，最好可以帶貓籠或洗貓袋出去。

植入晶片

獸醫院可以植入記錄飼主聯絡方式及貓咪特徵的晶片，當貓咪被送到收容所或相關機構時，就可以靠晶片尋找主人。詳細情況可以詢問附近的獸醫院。

貼尋貓啟事

在獸醫院或網路貼上貓咪的照片及聯絡方式，或者也能在自家周圍擺放貓咪喜歡的食物。

memo

可以在項圈上放防走失掛牌，寵物店裡有各種各樣的款式喔！

高齡貓的所需環境

貓咪越長壽，希望能在一起更長久

只要細心照顧，就能延長相處的快樂時光

想讓愛貓活得更久，貓咪10歲之後，就要開始因應老化並改變生活環境。

為了減輕貓咪腰腿的負擔，可以增加前往高處的跳台，以及移除貓咪活動路線上的障礙，同時也要增加貓砂盆、貓床及水盆的數量，食物也要換成高齡貓咪專用的飼料。對高齡貓來說，搬離自己的地盤或重新裝潢會造成極大的壓力，如果可以的話要盡量避免。

可以為高齡貓做的事

注意室內溫度

貓咪跟人類一樣，上了年紀就會怕冷。貓咪長 1 歲，等於人類長 4 歲，因此 1 年前還適當的溫度不一定符合現在。如果需要開冷氣，記得準備好溫暖的毛毯，讓貓咪可以隨時取暖。

不要改換裝潢

環境變化會造成貓咪很大的壓力，對高齡貓來說更是。除了不得已的情況之外，盡量避免在屋內進行大規模的裝潢或搬家。如果逼不得已，也要盡量維持貓咪所待地點及各種用具的原狀。

注意高低落差

一旦發現貓咪無法跳過不太大的高低落差，或是跳下來時會發出沉重的聲響，這時就要注意了。可以在貓咪常用的貓跳台、貓砂盆、沙發、貓床等地方擺放墊子或補助台。

改變遊戲方式

當貓咪減少貓跳台的使用頻率時，主人可以多利用貓咪喜歡的玩具和牠玩耍，減低運動不足的機會。貓咪和人類一樣，都需要保持好奇心、親密接觸及適當的運動。

防災的準備

為隨時可能發生的災害做好準備

替貓咪和人類都準備緊急救難包

為預防颱風、地震、水災及火災等意外災害，需要隨時準備好緊急時要用的東西。買一個貓咪專用的救難包，在裡面放入3天到5天的藥物、飼料、水及貓砂盆用品、食盆及愛用的毛毯等等。

另外，救難包裡也要放入幾張貓咪的照片、記錄健康狀態及飼主的聯絡方式，以防貓咪與自己走散。同時，為讓貓咪可以適應避難生活，平時就要讓牠習慣待在籠子及寵物包裡。

貓咪專用緊急救難包

植入晶片

當走散的貓咪被送到能夠讀取晶片的收容所或獸醫院，就能連絡到主人。平常也可以在項圈掛上防走失掛牌。

確認表

- □食物（如果是保健餐包要多放）
- □水（5 天份以上）
- □藥物
- □食盆
- □毛巾或毛毯
- □貓砂盆用品（慣用的貓砂及墊子）
- □貓咪的照片
- □走失用傳單（記錄照片、健康狀況、飼主的聯絡方式）
- □常去的醫院聯絡方式
- □刷子
- □玩具
- □洗貓袋

memo

還有人會刻意在家裡放地震警報，接著給貓咪點心，以訓練貓不會被嚇跑。

飲食基本注意事項

只要定好每天的量，就不必太緊張

通常是少量多次，有些貓咪對喜好很要求

如果是成貓，一般是一天吃兩餐。但是，因為貓咪本來就沒有固定時間用餐的習慣，「想吃的時候就吃」才是牠們的本性。

其實，只要定好一天的攝取量，貓咪要分成幾次吃都沒問題，就算是少量多餐也可以。主餐的飼料通常會標示成貓專用的綜合營養品，不要選到零食當主餐哦！

主要是乾飼料＋水

濕飼料的特徵

因為容易腐壞，所以最好每次都只給剛好吃完的量。由於價格比乾飼料貴，大多被當作輔助食或零食。此外，據說濕飼料比較容易長齒垢。不過，因為當中的水分含量較高，可以給不愛喝水的貓咪作為輔助食品。

乾飼料的特徵

如果標示的是成貓專用的綜合營養品，就算不搭配其他東西也沒問題。這種飼料的保鮮度還 OK，所以可以直接倒出 1 天份的量，不過須確保貓咪能喝到新鮮的水。另外，應盡量在時限的最後一個內食用完畢。

memo

幼貓用、成貓用、老貓用、室內貓用，應配合生活階段及型態搭配不同飼料。

無論如何都想吃

如果貓咪吵得太厲害，導致無法好好用餐，最好的方法就是在吃飯時間把貓咪放到房間外面。雖然有點可憐，但總比忍不住給牠們吃人類的食物好。吃完飯之後，可以多跟貓咪玩耍，增加親密接觸。

人類的食物絕對不行

主人在吃飯時，很多貓咪都會跑來討食。每次看到牠們討食時超萌的模樣，就會忍不住想分給牠們，但是為了貓咪好，一定要狠下心腸。人類的食物大部分都味道過重，還可能摻雜像洋蔥或青蔥這些對貓咪來說有害的東西，造成中毒或身體不舒適。

如何成功減肥

貓咪和人類一樣，一旦變胖就很難瘦回來，所以首先就是不要讓貓咪變胖。如果需要減肥，除了減少飼料的量，還可以給貓咪吃專用的減重飼料，當然運動也是必須的。貓咪討食時要忍住，就算牠不吃減重飼料也沒關係，就多跟牠玩耍吧！

肥胖是萬病之源

貓咪本來是需要拼命狩獵才能獲得食物的動物，但室內飼養的貓咪不只運動不足，還每天都能獲得豐富的飼料，如果每次貓咪要食物都給牠，貓咪很快就會變得過胖。肥胖是萬病之源，記得要好好管理愛貓的食量。

不吃飯時的應變

花點心思引起貓咪的「食欲」

突然不吃平常的飼料

貓咪的味覺基本上比較遲鈍，所以吃飯頻率或食欲高低經常會出現變化。這個時候，可以把平常吃的飼料加熱、用熱水泡軟或摻入濕飼料，花點心思刺激牠的食欲。

此外，有時候可能是貓咪不喜歡用餐的地方或食盆。如果貓咪超過2天食欲不振，也有可能是罹患了牙周病或內臟方面的疾病，須盡快帶去就醫。

自製貓咪餐

如果真的想和貓咪一起用餐，可以自己做貓咪餐。貓咪餐不要使用鹽巴或做任何調味，主人自己的則可裝盤後再調味。菜色方面，可以選擇貓咪喜歡的水煮肉或水煮魚、清蒸魚等，就算貓咪不吃，人類也可以吃，這樣就不會浪費了。

真的只要肉就可以？

貓咪本來就是肉食動物，所以腸胃無法消化吸收蔬菜及穀類，而魚類如果吃太多，當中的脂肪會附著在內臟上面。依貓咪的身體構造來看，完全肉食說不定還比較好。

可以少量攝取的食材

（必須完全沒經過調味）

- 煮熟的肉類／魚類／蛋
- 海苔
- 芋頭類
- 豆類
- 米飯
- 柴魚（非常少量）

少量的話，
是 OK 的！

memo

多點心思＋考量＋忍耐力
守護貓咪良好的飲食生活

不能吃的東西

小心！主人的餐桌到處都是危險

謝謝妳的心意喵……
（可惜本喵不能吃巧克力……）
chocolate

即使少少給予，仍是大大負擔

吃飯的時候，貓咪跑到身邊來撒嬌，就會很想分一些給牠。但是，這很有可能會不小心讓貓咪吃到有害的食材。

最有代表性的就是洋蔥、蒜頭或韭菜，它們會造成貓咪貧血及急性腎衰竭。還有巧克力，如果大量攝取會致死，貓咪喜歡的魚類也需要注意，像青皮魚類就不能吃太多。此外，也不可以給貓咪喝含有酒精或咖啡因的飲料。

不可食用的食材一覽

酪梨

會引起痙攣及呼吸困難，對人類以外的動物是具有高度毒性的食材。

堅果類

和蘋果等一樣，可能會造成貓咪氰酸中毒。

生的魷魚／章魚／蝦

容易引起消化不良，食用大量的生魷魚也可能造成維他命 B1 欠缺。

巧克力

可可亞裡含有會引起貓咪嚴重中毒的成份，所以非常危險。

酒類

貓咪無法分解酒精，即使只有少量也可能會中毒。

洋蔥／青蔥／蒜頭／韭菜

會造成貧血及腎衰竭的高危險食材，就算加熱危險成份也還是存在。

蘋果／桃子／櫻桃等水果的種子及葉子

這些水果的種子及葉子含有少量的物質，會在貓咪體內轉成氰化物，所以最好不要給嬌小的貓咪吃。

青皮魚類／鮪魚

如果直接生吃，過量的話會造成維他命 E 不足，經過再製的貓罐頭等會添加維他命 E 所以沒問題。

調味料／辛香料

高鹽份、高刺激的調味料會造成貓咪的腎臟疾病。

咖啡／紅茶

具有興奮作用，即使只有一點點對貓咪的心臟也太過刺激。

memo

飼料即可提供貓咪所需營養，使用貓咪專用的飲食，才能讓牠過著安全又健康的生活。

防止誤飲誤食

不是因為想吃，只是剛好出現在那裡

藏好危險的東西

貓咪經常會發生吃進緞帶或塑膠袋等誤食的狀況。不是貓咪喜歡吃異物，大部分的貓咪都是在好奇把玩時不小心吃進去的。

預防的重點是，不要把貓咪容易誤食的東西亂放。另外，因為貓咪很早就斷奶了，所以會把毛料品當成母貓的乳房吸吮，結果不小心吃進去。身為主人要經常陪貓咪玩耍，充足的愛情也能預防誤飲誤食哦！

一有異常就去醫院

如果是小東西，可以讓它隨著糞便自然地排出來，但也要小心可能傷到內臟，或堵塞在腸子裡造成身體不適。特別是幼貓，有時候可能會很危險。如果貓咪不進食，看起來又很虛弱，最好盡快帶牠到醫院診斷。

可能誤食的物品

・縫衣針

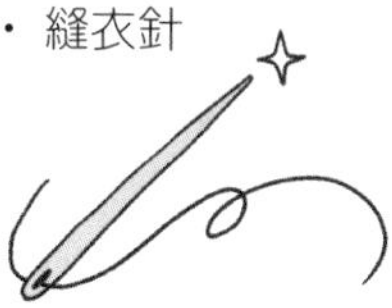

・橡皮筋

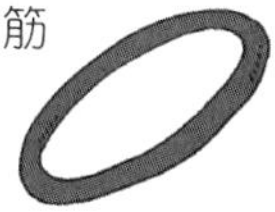

・鈴鐺

像長條形、外表閃亮或會滾動的小東西，都會引起貓咪把玩的欲望，所以要小心。每次照 X 光都會在貓咪的胃裡發現不可思議的東西。大多數的時候都必須動手術取出異物，這對貓咪或主人來說都是很大的負擔。

・鈕扣

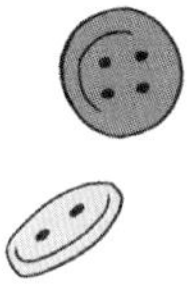

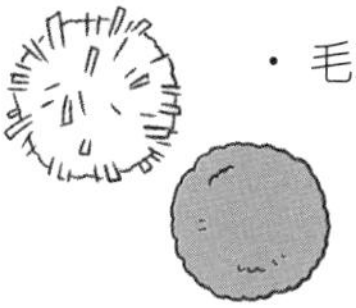

・毛球

・毛線

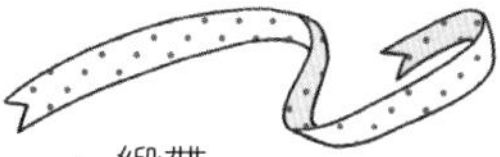

・緞帶

memo

保持房間整潔，維護貓咪安全。
安全的第一步就是不要亂放小東西。

水份的補給

保持水的新鮮才能維持健康

一想到就會喝很多，也喜歡邊喝邊玩

為了貓咪的健康，食物與水份的補給都很重要。水盆不能只放一個地方，因為貓咪沒有在固定地點喝水的習慣。可以在家中各處多放幾個水盆，增加貓咪喝水的次數。

此外，貓咪喜歡新鮮的清水。如果水盆裡的水變少了，不要只是加水進去，要連水盆一起清洗過後換成新鮮的水。另外，硬水裡的礦物質會造成尿道結石，所以盡量讓貓咪少喝。

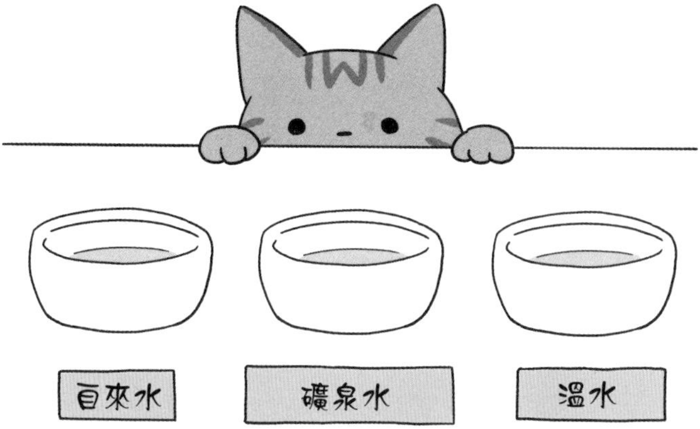

找到愛貓喜歡的水

因為古時在沙漠裡所留下來的習性，大多數的貓咪都喜歡經過水源時，才突然想起來要喝水。有些貓咪還喜歡直接從水龍頭裡喝水，或跟在剛洗好澡的主人後面，舔舐滴下來的水，或許牠們只是喜歡自己發現水源的樂趣吧！天冷的時候也會喜歡熱水。

遠離貓砂盆

貓咪有潔癖，對味道又很敏感，所以牠們不喜歡在貓砂盆附近進食。因此貓咪的食盆及水盆要盡量遠離貓砂盆。另外，貓咪不會同時攝取食物及水份，所以食盆及水盆可以分開放沒關係。

對水盆也有喜好？

有些貓咪在喝水時，很討厭鬍鬚碰到水盆，所以可以選擇開口比較大的水盆。另外，牠們也不喜歡和別的貓咪共用食盆或水盆，如果家裡的貓咪有兩隻以上，一定要準備好每隻貓咪專用的器皿。

貓砂盆的清理

乾淨的貓砂盆能讓貓咪身心清爽

只要及時清理乾淨，就不會隨地便溺

貓咪的尿液濃度很高，又是肉食動物，因此大便的味道也很強烈。貓咪喜愛乾淨又很敏感，如果貓砂盆不乾淨，牠就絕不會使用。不是強忍著不排泄，就是跑去別的地方便溺。所以只要貓咪上完廁所，最好就要趕快鏟掉排泄物及髒掉的貓砂。每隔2到4週須把貓砂全部換新，連貓砂盆也洗乾淨。這時候記得不要使用貓咪討厭的柑橘味清潔劑哦！

大便一天一次

雖然有個別差異，但只要貓咪一天尿尿 2 到 4 次，便便一天 1 次就算健康。如果尿尿的次數變得 2 天都不到 1 次，或者是一天超過 7 次，就有生病的可能。若便便 2 到 3 天才大一次，只要貓咪有好好排泄，看起來也很健康，那就沒問題。如果 4 天以上沒有大便，或者在貓砂盆裡看起來很用力、一直喵喵叫，就要仔細觀察牠的狀況，只要看起來身體不舒服，就要趕快就醫。

清潔貓砂盆的訣竅

在整個弄髒之前趕快清理，這是最省事的做法。只要貓咪使用完畢，就立刻把髒掉的部分鏟掉，可防止出現惡臭。處理尿液及糞便時，也能順便確認貓咪的健康狀況。一天最少要清理 1 到 2 次，一個月要把裡面的貓砂全部換新一次，並且把貓砂盆洗乾淨。清洗後，盡量用太陽曬乾。

不可使用柑橘類的清潔劑

貓咪對氣味很敏感，所以使用香味太強烈的清潔劑，特別是貓咪討厭的柑橘類。如果貓咪不喜歡貓砂盆，就會忍著不排泄。

memo

為了避免清洗貓砂盆時貓咪沒有廁所可以用，最好準備兩個以上的貓砂盆，以錯開清洗的時機。

每天的睡眠

創造安眠的環境，享受天使般的睡臉

睡眠，是讓身體健康結實的重要秘訣

除了狩獵以外，貓咪都靠睡眠來儲存體力，這是野生時代所留下來的習性，所以貓咪一天至少會睡16到17小時。話雖如此，這當中卻有將近12個小時是淺眠，貓咪的身體雖然放鬆，而大腦仍然活躍，所以可看到牠的腳或尾巴不時會抽動一下。

雖然貓咪睡覺的姿態萌得讓人想摸，但絕對不能在貓咪睡覺時干擾牠，如果無法獲得良好的睡眠，會讓貓咪累積壓力。

讓貓咪選擇喜歡的地方

貓咪的喜好經常在改變，會隨心所欲地選擇睡覺地點，所以多準備不同的地方讓貓咪休息吧！有些貓咪喜歡睡在主人的膝蓋上，或貼著主人的身體睡覺，雖然不想打擾貓咪休息，但有事情要處理時，可以把牠們移到安靜的地方。

這樣代表睡起來不舒服？

- 總是翻來翻去
- 不停拍著尾巴
- 不斷移動更換位子

不需要冷氣也能一夜安眠

貓咪不怕熱，所以不太需要冷氣，特別是睡覺時喜歡比平常溫暖的場所，然後選擇一個地板涼爽、感覺最舒適的地方躺著。但牠們不喜歡冷風直接吹到身上的冷氣房，如果房間裡開了冷氣，記得別把門關緊，讓貓咪可以自由進出。

memo

貓咪的睡眠時間很長，所以日文才會叫「NEKO」，意思是「愛睡覺的孩子」。

舔毛的目的

藉著舌頭舔舐，確認自己的味道

祖傳下來的健康測量指標

從前貓咪的祖先會舔舐全身來調節體溫，舔毛就是那時留下來的習性。有時候貓咪被主人責罵，也會用舔毛來轉移不安或焦慮，讓自己放鬆下來。

如果貓咪舔毛的次數太過頻繁，有可能是壓力太大；相反地，如果開始完全不舔毛，就有可能是生病或受傷了。舔毛是測量貓咪身心健康的指標，可以多加注意。

幼貓時期的記憶

出生一個月左右的幼貓不會自己舔毛，所以母貓會用舌頭幫牠清潔身體，順便進行按摩，這對幼貓來說是最幸福的時刻。舔毛之所以可以放鬆心情，或許也跟這個幸福的記憶有關。

重新整理情緒

舔毛不只可以放鬆心情，有時候兩隻貓咪打架到一半也會開始舔毛，為的是抑制「不知如何是好」的激動情緒，所以會透過舔毛來達到鎮靜效果。

memo

舔毛可以去除老舊的毛髮及皮膚細胞，舌頭的按摩也可以促進血液循環。

磨蹭的目的

看見陌生的物體先摩蹭一下

不安的時候，就讓貓咪盡情摩蹭吧

貓咪經常把身體或頭部靠過來摩蹭，這是為了要在地盤裡的物體或人上面留下自己的味道，算是一種標記行為。只要上面沒有自己的味道，貓咪就會感到不安，所以會頻繁地加以摩蹭。

如果家裡飼養好幾隻貓咪，牠們也會互相磨蹭，交換彼此的味道。如果貓咪靠過來磨蹭，不要撫摸或是把牠抱起來，就讓牠盡情磨蹭以消除不安。

全部都要染味道

對貓咪來說，主人、家具都是最靠近牠們的存在，所以全都要留下自己熟悉的味道才行。

每天都要巡視地盤

磨蹭具有標記地盤的意義，但是它的持續性比磨爪及尿液要弱，所以貓咪會每天定期巡邏，順便磨蹭留下味道。

跟主人打招呼

不過，當貓咪用頭在主人的手或手臂上磨蹭，打招呼的意義比較濃厚。因為貓咪彼此就是用這種方法打招呼。或許你家貓咪也想和你用頭互相磨蹭一下？

眨眼的意思

不要一直盯著，也不要無視

慢慢眨眼，傳遞安心與幸福

貓咪對主人眨眼睛，代表對主人十分信任。當貓咪放鬆的時候，除了眨眼，還會瞇眼或緊緊閉上眼睛。相反地，如果貓咪睜大眼睛盯著，就代表很緊張。

貓咪互相打鬥時，除非有一方先移開視線，否則絕對不眨眼。貓咪剛到家裡生活，或是接觸到其他貓咪時會睜大眼睛直盯著，主人可以慢慢對牠眨眼，讓貓咪放鬆下來。

對陌生者是警戒，對熟悉者是打招呼

像流浪貓等帶著強烈警戒心的貓咪，會一直盯著需要防備的對象。牠們打量著對方卻不移開視線，是覺得對方把自己當攻擊目標。但如果是家貓的話，意義就不一樣了。牠們一直盯著主人看，很可能只是單純地打招呼而已。

眼睛比嘴巴更會說話

不過，也不能完全把自家貓咪的視線接觸，當成單純的打招呼而不理會。由於貓咪不會說話，所以只能用眼睛跟主人溝通。牠們看著主人的視線，意義有千百種，所以平時就要多跟貓咪溝通。

如果不理會貓咪

如果沒有注意到貓咪「跟我玩」的視線，貓咪就會展現堅強的擾人功力！不是躺在報紙上就是癱在鍵盤上，總之就是要吸引主人的注意。

memo

有時貓咪慢慢地眨眼時，也可能只是想睡了，主人也可以慢慢眨眼回應，哄牠入睡。

踩踏的目的

想起媽媽就會忍不住

貓咪的天性，就是不論多大都愛撒嬌

每當看到貓咪在毛毯或坐墊上踩踏時，都忍不住為那可愛的模樣傾倒。看起來雖然像是睡前儀式，但其實這是幼貓時期留下來的記憶。幼貓在喝母乳時，會用前腳按摩母貓的乳房，讓母奶排出得更順暢。

或許是忘不了這種舒服安心的記憶，即使貓咪長大了，只要摸到像毛毯或棉被這種柔軟舒服的東西，就會忍不住用前腳踩踏一下。

踩踩踩？按按按？壓壓壓？

前腳踩踏是貓咪特有的撒嬌行為，第一次看到的人都會覺得很奇妙。貓咪的這個動作不只是用前腳交互踩踏，還會用力按壓腳掌，像是在做按摩。

不管到幾歲都是小baby

貓咪的撒嬌行為除了前腳踩踏，還有一個就是吸吮主人的手指，這也是授乳時期的記憶。有些貓咪在很小的時候就戒掉，卻在長大之後喜歡上這個動作。

memo

家貓的特徵就是不會喪失幼兒性，在主人的面前永遠都是小 baby。

神祕的呼嚕聲

原因不明的呼嚕聲，原來有這麼多意思

除了代表心情好，提出要求或療傷都用這一招

貓咪在脖子被撫摸或幼貓吸奶時都會發出「呼嚕、呼嚕」的聲音，大多時候這都代表貓咪的心情很好。其實，這個呼嚕聲也包含其他的意思，像是向主人提出餵食的要求等等。據說貓咪身體不舒服的時候，也會發出呼嚕聲來提高治癒力。

雖然呼嚕聲的功能看似十分多樣，但至今仍無人知道它的發聲機制。

與聲音大小無關

聲音的大小與貓咪的心情無關，有些貓咪的呼嚕聲小得要貼在肚子上才聽得到，有些貓咪的大聲得在隔壁房間都能聽到。

一生下來就會呼嚕？

幼貓一出生就會發出呼嚕聲，牠們在喝母奶等非常放鬆的時刻，會頻繁地發出呼嚕聲。也有一說幼貓的呼嚕聲會增加母貓的泌奶量。

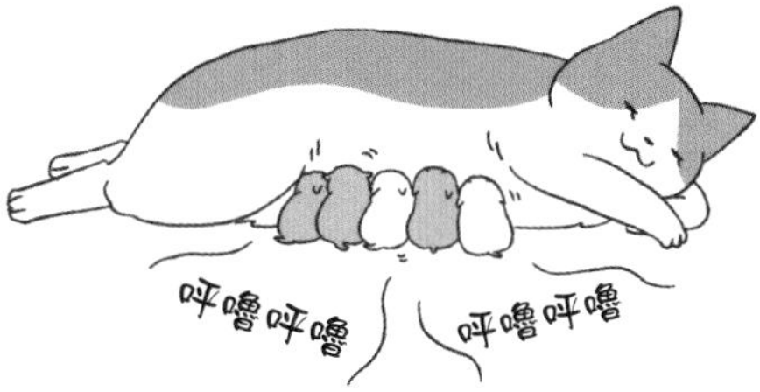

療傷時也呼嚕？

除了心情好及放鬆，貓咪在身體不舒服時也會發出呼嚕聲。據說這個聲音的振動頻率可以刺激骨頭，提升新陳代謝，進而提高體內的治癒力。

memo

有貓咪會在醫院的診療台上不停發出呼嚕聲，讓醫生連心跳聲都聽不到。

磨爪的目的

磨尖武器及標記地盤是本能

也能當作測量健康的指標

貓咪的爪子外層是指甲，裡層卻生長著神經及血管。貓咪磨爪最主要的原因，是為磨掉外層老化的指甲。除此之外，也有留下氣味及標記地盤的意味。

爪子對貓咪來說是重要的武器，也是用來標記的工具。如果貓咪停止磨爪，很可能是出現了關節痛等病症，可以仔細確認貓咪的坐姿及走路姿勢。

停不下來的生物本能

就像我們會剪掉過長的指甲，貓咪也需要磨掉老舊的指甲層。此外，磨爪也有標記的功能，是鞏固地盤的重要行為。貓咪的爪子具有武器及標記的功能，所以制止貓咪磨爪是違反本能的。

限定貓咪磨爪的地點

既然不能阻止貓咪磨爪，就要提供牠可以磨爪的地方。在想要避開的家具上，可以噴貓咪討厭的味道或包上保護套，並替貓咪準備磨爪板。

標記地盤的方式

噴灑尿液及摩蹭，都是在標記地盤

那也是、這也是，到處都要留標記

貓咪具有在自己地盤上給東西「標記」味道的習慣。牠們的肉球裡有一種會分泌費洛蒙的腺體，會發出味道顯示這裡是自己的地盤。這個味道人類幾乎聞不到，但貓咪的另一種標記「尿液」則具有強烈的味道。

大部分的公貓在結紮之後會減少標記行為，不過也可能因為壓力讓次數激增，這時最好可以確認一下生活環境的狀況。

標記的重點

要看起來更高大

貓咪在外面噴灑尿液時，會盡可能往高處留下味道。這是要藉由標記的位置讓自己顯得更高大，以藉此威嚇侵入地盤的敵人。公貓噴灑味道強烈的尿液，是為了守護自己的地盤。

只能維持24小時

據說噴灑尿液的效果大約只有 24 小時。即使殘留的味道仍十分濃厚，但對貓咪來說，味道一旦變淡就有可能危及到自己的地盤，所以貓咪都會每天出外重新標記。住在家裡的貓也一樣，這也是牠們每天都要巡視家裡的原因。

memo

母貓尿液的氣味及噴灑次數都比較不明顯，公貓則要強烈許多。這是因為要搶地盤及獨佔領地裡的母貓。

後腳踢的訓練

狩獵本能一旦覺醒，就停不下來

若精力過剩，有時會導致受傷

激烈的後腳踢是屬於狩獵貓咪本能的一種，因為是用來壓制獵物、讓獵物疲累，所以一旦開始就停不下來。不過，當貓咪想玩或心情不好的時候也會後腳踢，還可能同時出現啃咬的行為，所以要特別注意。

想要停止貓咪的後腳踢，可以用玩具來引開牠的注意力。平常也可以多跟貓咪一起玩耍，滿足牠的狩獵本能。

無論如何都停不下來的後腳踢

過去身為獵人的記憶

貓咪的後腳踢通常只針對會動的東西，這是野生的貓咪在捕捉到獵物時，為了避免獵物掙扎而採取的行動。牠們會用前腳壓制獵物，用後腳攻擊讓獵物衰弱，最後再用尖牙給予最後一擊。

這是本能，生氣也沒用

就像貓咪的標記行為一樣，這是屬於貓咪生存及狩獵的本能，所以是不可能阻止的，更不能因為貓咪「不聽話」而責罵。可以用布娃娃或抱枕來滿足其狩獵本能。

memo

當貓咪認真地進行狩獵模擬時，會不斷的攻擊。
覺得痛的時候，不要勉強配合，記得離開現場。

夜晚活動的原因

今晚精力過剩，晚上來開運動會！

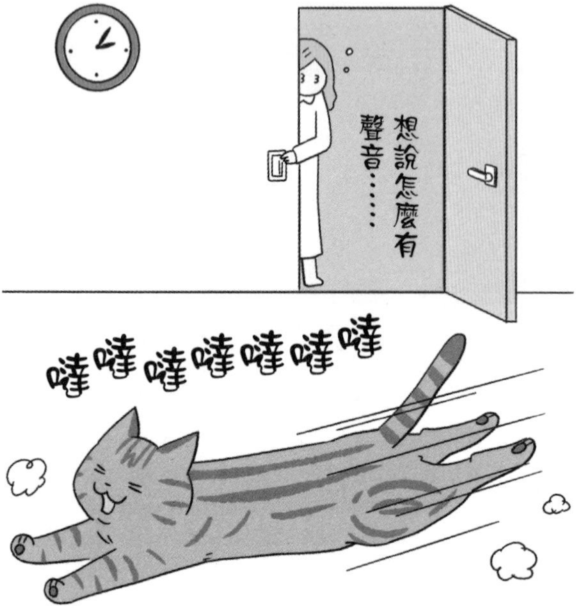

對貓咪來說，那是打獵時間

每當想睡覺時，就會聽到貓咪發出叫聲、跑來跑去，或者是一大早就開始吵鬧。如果家裡不只養一隻貓，牠們還會互相追逐，展開夜間運動會。

貓咪從前會在光線昏暗的時間帶進行狩獵，這是當時所留下來的習慣，發展至今在半夜或清晨所舉行的「運動會」則是在模擬狩獵。只要在睡前好好陪貓咪玩耍，主人及貓咪都能好好睡上一覺。

兩隻以上的貓，就會發展成捉迷藏

只要飼養超過兩隻以上的貓，這個夜晚的狩獵運動會就變得更加熱鬧，牠們會輪流玩起捉迷藏。在這個運動中，不僅可以學會如何行動及抓捕獵物，同時也能強化心肺機能及肌肉。

解決運動不足的問題

夜晚的運動會，除了是過去所留下來的狩獵本能，同時也是要發散運動不足帶來的壓力。可以在睡前用玩具消耗貓咪的精力，不旦能解決運動不足的問題，也更能讓彼此晚上睡得更好。

memo

睡前做運動不只能消除貓咪的壓力，亦能藉由這個習慣早日發現異常。

頻繁啃咬的原因

原本是在模擬狩獵，但太過頻繁就要注意

平常就要多注意，不要錯過重要訊息

當用手撫摸貓咪時，經常會被牠們撒嬌似地抓住啃咬。貓咪的啃咬有很多原因，其中一個就是狩獵本能。撫摸的手會激起狩獵欲望，進而把手當成獵物加以啃咬。或因為還殘留著斷奶或授乳時的感覺，所以會啃咬人類的手或布娃娃來發洩。

有時則可能是不喜歡被撫摸，感受到壓力而出現攻擊行為。平常應要多多觀察，若狀況令人擔心，最好找獸醫師商量。

啃咬過度的對應法

無視是最好的預防

幼貓常因為經驗不足，會在啃咬時用力過度，最好在造成自己或他人受傷前事先加以預防。當貓咪咬人時，最好的方式，就是不給貓咪任何反應及注意，讓牠明白「一旦咬人，就不會有人跟牠玩」，讓貓咪戒掉隨意咬人的習慣。

咬得太過頻繁就要就醫

家貓的啃咬行為除了是在模擬狩獵，也可能是平常累積太多壓力。當貓咪啃咬得太頻繁，要先找出原因，不要不分青紅皂白就責罵。有時候也可能是不小心碰觸到貓咪敏感的部位，所以讓牠生氣了。

memo

如果是多隻一起飼養，出生後一個半月左右，小貓就會和兄弟們玩耍，並學習啃咬的力度。如果咬得太用力，就會被其他小貓教訓。

興奮時的「喀喀」聲

獨特又專屬的叫聲

喉嚨的聲音洩漏狩獵本能

你家的貓咪是否曾經對著窗戶外面發出「喀喀喀」的聲音呢？這是貓咪看到獵物時興奮的反應。

當貓咪在窗戶外面發現麻雀或昆蟲時，強烈的狩獵本能及捕食欲望會使之發出「喀喀」的聲音。不過因不是所有貓咪都會這樣，所以第一次碰到的人可能會嚇一跳，這是正常的行為，所以不用擔心。

貓才有的神秘叫聲

貓咪因為狩獵的欲望而對房間外面的獵物發出「喀喀」聲，這種行為有的貓咪有，有的貓咪沒有。而除了貓咪外，其他同屬貓科動物的獅子和老虎也無法發出這種聲音。

至今原因不明

雖然已知貓咪只有在看到獵物時才會發出「喀喀」聲，但至今仍無人知曉這麼做的理由及意義。也有學說指出，貓咪並不是因為狩獵欲望太過強烈才發出聲音，而是為了鼓舞自己。

memo

當貓咪發出喀喀聲時，盡量不要管牠。很可能是發現獵物正在興奮，或正在模擬狩獵行為。

嘔吐物的確認

平常就要確認內容物及次數

只是習性？或是生病？

和人類比起來，貓咪經常會嘔吐。尤其是長毛貓，牠們在理毛時會不小心把脫落的毛吞下去，所以經常會吐出毛球。

貓咪嘔吐的時候，要記得確認裡面的內容物。如果是飼料或毛髮、草類等混雜物就算正常，但如果裡面夾雜蛔蟲及血跡或者是藥品的臭味，那就需要注意。因為貓咪很有可能是生病或是誤食了危險的東西，要記得把嘔吐的內容物拍照下來，帶去醫院讓醫生確認。

嘔吐時應該確認的事

只要出現其中一項就要去醫院

1. 嘔吐的次數每週超過 2 次
2. 體重最近減輕
3. 缺乏食欲
4. 嘔吐物裡夾雜血跡
5. 腹瀉

吐不出來時可用貓草

貓草的葉子帶有刺毛，可以刺激貓的胃，讓貓吐出誤吞的毛球等雜物。像長毛貓這種不太能順利嘔吐的貓咪，有時候毛球就可能堆積在肚子裡面。平常就要經常確認，需要的時候就可讓貓咪使食用貓草。

memo

比起長毛貓，短毛貓比較不會掉毛，所以也比較少會吐毛球。當短毛貓太過頻繁地吐毛球時，就須懷疑是否生病。

處在高處的原因

遺傳基因裡，認定高處才安全

高處是兼顧攻擊與防衛的最佳地點

大家都知道貓咪喜歡待在高處，若在屋外就是屋頂及圍牆上，家裡就是櫃子或桌子上，這也是從前野生時代留下的本能。

野生時代的貓咪通常待在樹上生活，是要預防地面上敵人的攻擊，也更容易找到獵物。對人類來說，高處是危險的地方，但貓咪卻剛好相反，因其就代表可以保護自己的安全場所。

高處的敵人比地面上少

野生貓咪基本上都獨自狩獵，為要防衛敵人攻擊，通常都會待在高處。像是為躲開散步的狗狗或附近的孩童，是保護自己的本能。

能力強弱的象徵

在貓咪的世界裡，沒有上下階級，不過佔據越高的貓咪，通常站在越強的地位。當實力比自己強的貓咪出現時，較弱的貓咪會將比較高的位置讓出去。

memo

當貓咪打架爭地盤，比較強的貓咪會站在高處發出威嚇，比較弱的貓咪則會伏低身體，或仰躺在地面表示投降。

處在狹窄處的原因

尋找更窄更暗的地方！探尋之旅永不停止

每隻貓都喜歡狹窄的地方

貓咪很喜歡躲在狹小的紙箱、家具與家具的縫隙間等狹窄處。為什麼牠們總是忍不住跑進這種又窄又小的地方呢？

其中一個可能是，狹窄的地方讓貓咪覺得那裡是牠的地盤，所以更能安心。貓咪的祖先是利比亞山貓，據說喜歡棲息在狹窄又陰暗的地方，所以這個習性也存留了下來。此外，也有一說是狹窄的地方經常隱藏著老鼠等動物，所以貓咪習慣跑進狹窄的地方尋找獵物。

只要能塞進去就可以

貓咪總是在尋找更窄小、更貼合自己身型的狹窄處，據說是因為貓咪的祖先利比亞山貓從前就是在樹洞或岩石的縫隙裡棲息，那些地方大多僅能容身。這是為了防禦敵人入侵，同時狹窄的地方也比較能保持較高的溫度。

暗的地方更好

如果怎麼找都找不到貓咪的蹤影，可以試著去陰暗的地方找看看，貓咪大多躲在那裡。如果在衣櫃裡或走廊角落事先放置寵物籠及紙箱，就會比較容易找到貓咪的蹤跡。

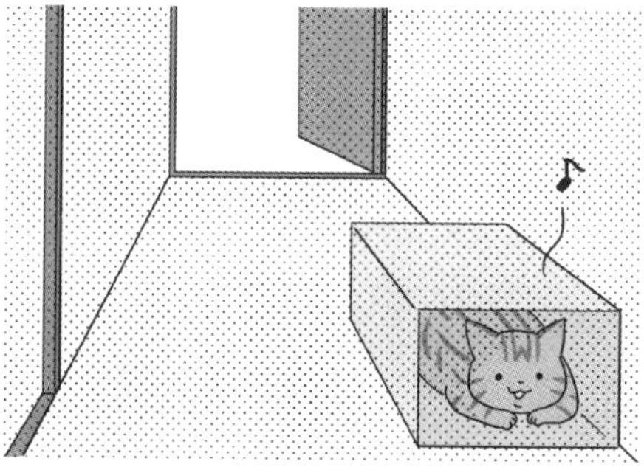

memo

如果貓咪一直躲在狹窄的地方不出來，就要小心了。雖然很可能牠只是太喜歡那個地方，但也可能是身體不舒服。

憧憬的窗外世界

透過窗戶，嚮往全新的世界

讓貓咪著迷的街外窗景

貓咪最喜歡在窗邊眺望外面的景色，因為外面充滿著飛翔的小鳥及昆蟲、跑來跑去的小學生，可以大大滿足貓咪的好奇心。

如果是全室內圈養的貓咪，很可能從來都沒有接觸過戶外。雖然這樣安全、食物又不虞匱乏，但貓咪的生活就會缺少變化，也因此窗外的世界對牠們來說，充滿了刺激與新奇。主人可以每天把窗簾打開，讓貓咪欣賞外面的世界。

記得打開窗簾

貓咪除了睡覺，絕大數的時間幾乎都是獨自度過。也因此，窗外千變萬化的景色對貓咪來說非常具有吸引力。如果是貓咪可以鑽進去的布窗簾就沒關係，若是沉重的百葉窗，就必須事先拉起來，不僅是讓貓咪開心，也避免在鑽動時會受傷。

即使對外面的世界再有興趣

根據日本財團法人寵物飼料協會的調查，2015 年的貓咪平均壽命，「全室內圈養的家貓」約為 16.4 歲，「室內外放養的家貓」大約為 14.22 歲，兩者相差甚大。流浪貓目前還沒有正確的調查資料，但據判斷大約只有家貓的一半以下。如果想要跟自家貓咪在一起更久的時間，即使牠們對外面的世界再有興趣，最好還是全室內圈養比較好。

memo

注意貓咪的安全，別讓牠們從窗戶或陽台掉下去。最好不要打開窗戶，或讓貓咪自由出入陽台。

帶來安心感的「貓圈」

看起來很神秘，只要試過一次就上癮

引發好奇心的神秘圈圈

大家知道「貓圈」這個神秘裝置嗎？只要在地板上用膠帶或繩子圍起一個圈圈，沒多久貓咪就會跑進去待在裡面。

當然也有貓咪會對貓圈視若無睹，但貓圈的「圈養成功率」大約有70到80％。貓咪的地盤意識很強，只要在周遭看見不熟悉的東西，就一定會上前嗅聞味道或碰觸。一旦確認東西是安全的，就會跑進去看看待在裡面的感覺。「貓圈」就是利用貓咪的好奇心及地盤意識所發明的遊戲。

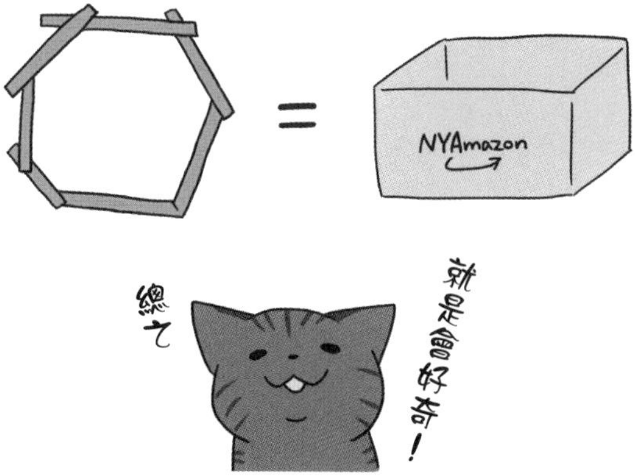

貓咪無法抵抗好奇心

貓咪是好奇心很強的動物，喜歡新奇的東西。因此，只要看到新的家具等不熟悉的物體，就會積極想去碰觸。所以，當自家的地盤裡突然出現神秘的「貓圈」，貓咪是不可能放過的。只要經過仔細確認之後，就會看到貓咪被「圈」在裡面啦！

越年輕的貓咪越愛嘗試

越是好奇心旺盛的年輕貓咪，越是會經常確認地盤裡出現的新東西。如果是好奇心淡泊的老貓，就不太會上當啦！不過，一旦年輕貓咪進去貓圈一陣子，發現什麼事都不會發生，之後就會喪失興趣了。

memo

貓咪的視力比較弱，也比較難分辨顏色，乍看之下可能不知道貓圈是什麼，所以會出現確認的行為。

喜歡把東西從高處推下？

比起推落東西，看主人慌張比較有趣？

只要覺得有趣，都會玩一下！

貓咪經常會把桌子或高處上面的東西推下來，最主要的理由就是很有趣。不管是鉛筆在地上滾動或玻璃整個碎裂，貓咪對這些反應都很有興趣。貓咪會被類似獵物的東西吸引，所以對於推落的行為也樂此不疲。

另外，也可能是因為當東西掉到地上時，主人就會跑過來或出聲制止，讓貓咪覺得這樣很有趣。我們沒辦法阻止貓咪推落東西，只能盡量放置掉下來也不會損壞的物品來預防。

第3章

喵心聲：培養幸福無礙的讀心術

貓咪都在想什麼呢？
怎麼突然說這個？
因為啊——
本來牠還和我玩得很高興……
喵
喵
然後突然就走掉了。
哼
這不是很神祕嗎？
是沒錯啦——
但是如果能知道貓咪在想什麼，不是更有趣嗎？

可以知道啊！
專務！
犬山專務
您也辛苦了。
辛苦了～
SEN MU
您也喜歡貓嗎？
我還以為您一定是愛狗派……
旁邊借坐一下哦
我已經養貓養了30多年囉！
家裡現在有2隻
欸——太強了！
那要怎麼才能知道貓咪的想法呢？
那個啊……
其實貓咪全身都在跟我們溝通哦！

全身？
比較好懂的是耳朵或鬍鬚的模樣，有時候貓咪的耳朵會垂下來吧？
垂
確實有。
那就是牠在害怕。
好可怕……
咦——！
打雷的時候，虎吉的耳朵的確垂下來了……
還有，尾巴的情緒表達也很豐富哦！
心情很好
生氣、興奮
觀察情況
哦——！

只要知道牠們的心情，就比較容易溝通了。
這麼說來，每次我要摸我家貓咪的肉球時，牠都會跑走……
貓咪不喜歡人家摸牠們的肉球哦！
所以，要慢慢摸貓咪的腳讓牠們習慣。
TOUCH!
只要牠們習慣了，想怎麼就怎麼摸！
耶——！
但還是盡量不要摸太頻繁哦！
好想趕快回家見我家虎吉！
我下午要加油了，一定要準時回家。
主管員工士氣，大大提升了！

五官判別法
不能錯過的身體語言

從迷人的眼睛判斷心情

貓咪最迷人的，就是那雙靈活的大眼睛，可從中看到許多豐富的情緒。

耳朵一般是向前傾，當感到不安或恐懼時，耳朵就會從側邊往後倒。

鬍鬚則具有維持方向感、感知空氣流動的重要功能。所以從瞳孔的大小、耳朵及鬍鬚的方向，可以明白貓咪大部分的情緒。

眼睛比嘴巴會說話？

一般來說，瞳孔的功能是調節視眼所及範圍內的光線強度，但從貓的瞳孔也能看出當下的心情。然而隨著狀況不同，其所抱持的心情也不盡相同，必須仔細觀察。

好奇、興奮
有時是不安、恐懼

十分放鬆

警戒、厭惡
有時是放鬆

最容易了解心情的部位

最能直接反應貓咪心情的部位就是耳朵。除可從耳朵是豎起來、垂下去來判斷，也能從耳朵朝向的方向來讀取心情。故當貓咪耳朵垂下去時，要特別注意。

非常好奇

警戒、緊張

恐懼

不是被風吹歪了

貓咪鬍鬚的方向，也隱藏著牠的心情。當身體健康的時候，鬍鬚會呈現很有張力的樣子，當貓咪身體不舒服或心情不好，鬍鬚則大多會無力地往下垂。雖然是微小的徵兆，但也不要忽略了。

非常好奇

驚嚇

恐懼

叫聲判別法

多種叫聲方式，要注意仔細傾聽

結合各種訊號，理解貓咪心情

據說貓咪大約有20幾種叫聲。其中最具有代表性的，當然是發情期及打架時的吼叫聲，除此之外，牠們也會用各種叫聲來跟主人傳達心情。

貓咪的叫聲個別差異很大，有些會不斷地跟主人說話，有些會自言自語，有些一年都沒聽見叫過幾次。如果想要理解貓咪的心情，就不能只依賴叫聲，須從動作及狀況等不同訊號一起判斷。

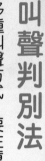

希望與要求

家貓最常出現的叫聲，通常會在討食、想玩等撒嬌時使用。

放鬆

剛出生就出現的叫聲，有時也可能代表身體不舒服。

回應與打招呼

與主人或熟悉的人說話時，最常能看見的反應。

驅逐與威嚇

家裡出現客人或面對敵人時，所發出的威嚇及警戒聲。

痛苦的叫聲

尾巴被踩到或其他感到強烈痛楚時發出的叫聲，這時須確認貓咪是否受傷。

東西很好吃

覺得食物很好吃時發出的聲音。

開心與興奮

看到窗外的鳥或昆蟲時，忍不住想狩獵的興奮表現。

發情時的叫聲

母貓發情時對公貓發出的叫聲，公貓也會用同樣叫聲回應。

從緊張中放鬆

從緊張中放鬆下來時的聲音，每隻貓都不太一樣。

姿勢判別法

熟悉平常姿勢，提早發現異常

猜猜本喵現在是什麼心情？
「快來幫我」嗎……
答對了！
快來幫忙呀

從姿勢理解喜怒哀樂

家貓一天大部分的時間，不是躺臥著就是在睡覺。貓咪最常見的姿勢，就是把前腳窩在胸前臥著，有些貓則會仰躺著露出肚子。由於沒有危險意識，所以許多家貓都會出現毫無緊張感又自由奔放的爆笑睡姿。

有首日本童謠這樣唱：「貓咪在暖爐桌裡睡成一團」，就能想像貓咪在四季都會出現不同姿勢。當然也有表達恐懼及警戒的姿勢，這時要好好處理。

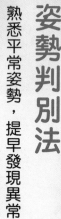

豎起身體的毛威嚇敵人

為了威嚇敵人，貓咪會豎起身體的毛讓自己看起來更高大。不過貓咪不是喜歡爭鬥的動物，只要威脅離開了就會收起戒備姿態。所以當貓咪出現威嚇的行為時，不要刻意去安撫，免得遭受攻擊，只要在旁邊等牠冷靜下來即可。

恐懼時會伏低身體

當家裡突然有客人來訪或受到聲音驚嚇時，貓咪就會出現這種姿勢。會伏低身體，尾巴藏在後腳之間，並盡可能把自己縮小，以表示自己沒有敵意。一旦出現這種姿勢時，就代表貓咪的精神狀況不穩定，這時必須在旁溫柔地守護牠。

放鬆時會窩成一團

當貓咪放鬆時，會整個身體窩成一團。不過四隻腳還是會緊貼地面，以便可以隨時逃走。若貓咪整個仰躺在地上，就代表牠是打從心底放鬆，就讓牠好好休息吧！

尾巴判別法

平衡器、標記工具、情緒表達機

看本喵的尾巴就知道本喵要說什麼了！要仔細看喔！

透過細膩的肌肉及骨架，呈現豐富的情緒表達

貓科動物經常用尾巴來表達意思。貓咪的尾巴是由18到19塊名為尾椎的短骨、加上12條肌肉組合而成，所以可以做出細微的動作。靈活的尾巴，除了可維持身體的平衡，還能表達各種感情。另外，由於尾巴根部有皮脂腺，所以也能用來標記。

狗狗也會用尾巴來表達情緒，但貓咪和狗狗的尾巴動作所表達的意義完全不同，所以要注意。

觀察、待機	友好	高興	挑釁
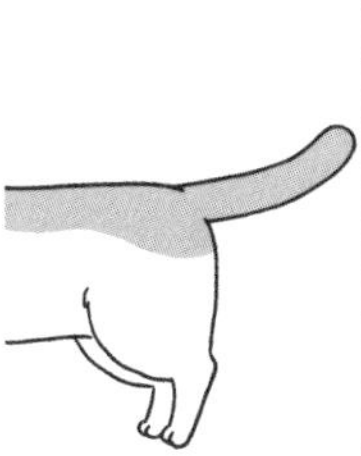	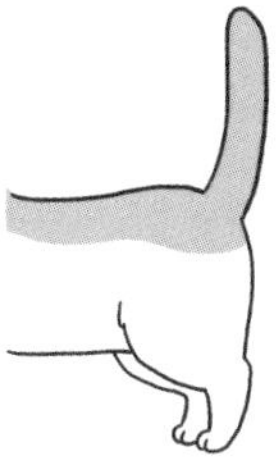	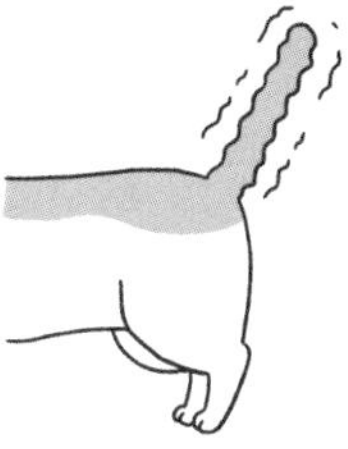	
在進行觀察時，尾巴會維持水平偏上。	尾巴立在正中間的位置，代表友好。	尾巴左右震動代表高興。	尾巴豎起左右搖晃，代表瞧不起對方。
防備	**備戰**	**生氣**	**不安**
			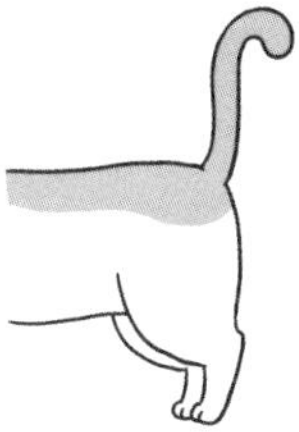
尾巴和備戰一樣是下垂的，但是有用力。	尾巴往下垂著，這是備戰姿勢。	毛髮直立，尾巴豎起膨脹。	覺得不安時，尾巴會往正上方直立，尖端呈現彎曲。
恐懼、服從	**好奇、警戒**	**焦躁**	**放鬆**
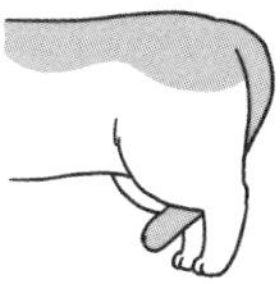			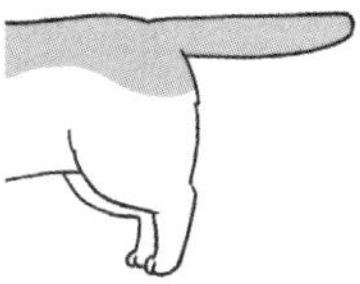
因為恐懼，尾巴會收在身體裡，把自己縮小。	尾巴尖端震動，代表貓咪一邊警戒一邊感到好奇。	尾巴垂下左右搖晃，呈現不耐煩的狀態。	尾巴保持水平，代表貓咪十分放鬆。

走姿判別法

快樂優雅的走路姿勢

主要為踮著腳尖走，若出現變化須注意

貓咪通常是抬頭挺胸，踮著腳尖走路。這種只用腳趾行走的方式叫「趾行性」，常見於貓科及犬科動物。此行走方式能讓貓科、犬科動物在野外狩獵時能偷偷靠近獵物，同時又能衝刺和急轉彎。

健康的貓咪步伐會帶著優雅的韻律感，如果貓咪用腳跟走路或用腳拖行，就代表可能生病，要趕快去獸醫院檢查。

不舒服的姿勢

當頭及尾巴都無力下垂，走路有氣無力時，就代表身體不適或壓力很大，要注意觀察。

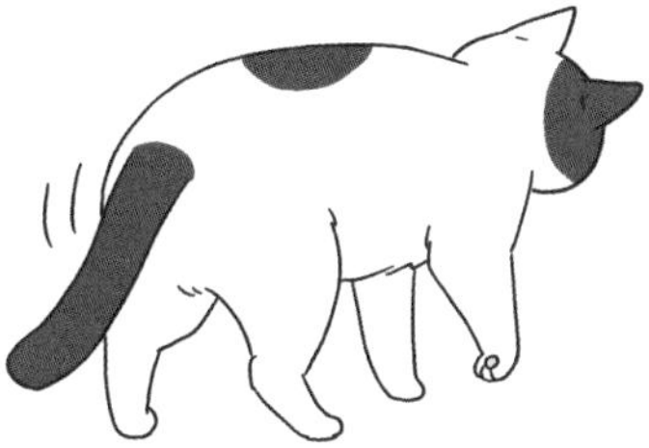

高興的姿勢

當抬頭挺胸，尾巴向上豎起，步伐帶著韻律感，就代表心情很好，這時會連表情都看起來很高興。

用腳跟走路

若非處於警戒狀態，卻垂著頭用腳跟走路，就代表生病了，要趕快去醫院就診。

警戒的姿勢

當伏低身體、放慢步伐時，代表處於警戒狀態。會拱起上半身，隨時準備撲向獵物。

刺激本能的玩耍方式

經常陪同玩耍可以解決運動不足

貓咪容易厭倦，可增加玩耍的次數

天生就是獵人的貓咪，會透過玩耍來練習狩獵技巧。和貓咪玩耍時，可模仿一些小動物的動作來刺激其狩獵本能，讓牠集中注意力。貓咪基本上很容易厭倦，所以只需要短短地陪同玩耍一下即可，但是要增加玩耍的次數。

玩耍可以消除貓咪運動不足及壓力過大的問題。重點是不要強迫，要尊重貓咪喜歡的玩耍方式。

從幼貓時期就要經常跟牠玩耍

玩耍方式要隨著貓咪年齡增長而改變。在幼貓的成長階段，玩耍是非常重要的事，能促使在精神及肉體上變得成熟。使用逗貓棒等工具誘使貓咪上下運動，可以讓玩耍變得更有運動效率。

預防誤飲誤食

小型玩具或柔軟易撕裂的物品，可能會在玩耍時不小心被貓咪吞下去，所以玩耍結束之後，要記得把東西收好，禁止隨處亂放。主人絕對不可以一邊和貓咪玩耍，一邊分心做其他的事。

memo

一直玩同樣的玩具，貓咪會厭倦。除了逗貓棒，也可以用手電筒等道具來變化玩耍方式。

溫柔而安定的「摸摸」

正確基本的重要接觸

不要摸太久

大部分貓咪都非常喜歡溫柔的撫摸，撫摸貓咪的同時也能帶給主人莫大的安慰，還能早期發現貓咪的疾病，所以是很重要的親密接觸。

貓咪喜歡主人摸牠們舔毛舔不到的地方，但不喜歡腳或尾巴被摸。然而每隻貓咪的喜好都不一樣，主人在撫摸貓咪時，要確認牠們是否真的覺得舒服。

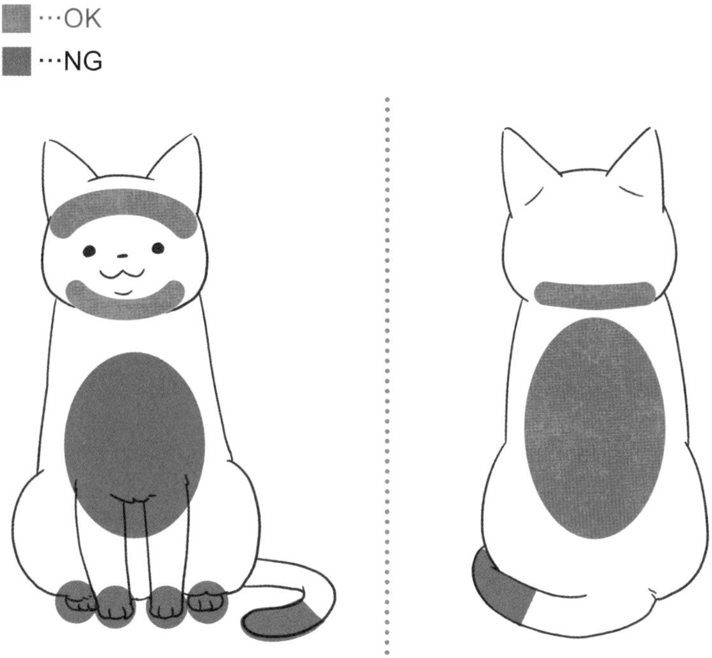

貓咪大多喜歡被人撫摸臉、脖子周圍及後背，但幾乎沒有貓喜歡被碰觸脆弱的腹部，所以一定要避開。貓咪的臉及下顎有很多分泌腺，所以特別喜歡被觸摸。

訣竅

撫摸貓咪時，最重要的就是不要發出太大聲響，動作也要緩慢，同時不要用手掌，要用指腹輕輕撫觸。可以藉由每天的親密時刻，多注意貓咪的細微變化。

NG

撫摸貓咪時最常出現的錯誤，就是時間太久，當貓咪開始左右搖晃尾巴，就代表差不多了，要在貓咪變得不耐煩之前停手。還有，若貓咪正在理毛或進食，也不是撫摸的好時機。

正確體貼的「抱抱」

最開始的抱抱最重要

正確的抱抱方法

基本上貓咪都不太喜歡被抱，有不少貓咪甚至非常排斥。不過只要是動物大多如此，因為擁抱會讓牠們的身體受到拘束，行動沒有那麼便捷，因此就算是最愛的主人的懷抱，恐怕也堅持不了一分鐘。

如果要替貓咪剪指甲，必須抱住牠，這時可以扶住貓咪的下半身貼身抱著，切忌拉扯貓咪的身體或抱得太緊。

體貼的抱抱法

❶ 先出聲提醒

就算是貓咪自己靠過來，也不要主動抱牠，避免貓咪受到驚嚇。在抱抱之前先出聲提醒，讓貓咪習慣這樣的方式。

❷ 輕輕抱起

出聲提醒之後，如果貓咪沒有表現出不願意的樣子，就可以把牠抱起來。雙手先伸入貓咪的腋下，輕輕將牠舉起後，立刻用另一隻手支撐住貓咪的下半身抱著。

❸ 盡量貼身

如果主人和貓咪的身體之間出現空隙，會因為不安定讓貓咪害怕。最好貼身擁抱讓牠安心。切記不要太用力，不然會給貓咪造成壓力。

memo

在貓咪習慣被抱之前，最好先用跪坐方式來訓練。就算貓咪不習慣想要跑走，也不會因為不小心被摔到地上。

我來幫你按摩肉球吧？
妳只是想摸而已吧……
不用了喵

肉球的按摩與觀察

腳尖是敏感部位，碰觸之前先看看貓咪的情況

如果主人想摸就摸，會造成貓咪的壓力？

肉球可說是貓咪最迷人的地方，坊間甚至還出了只有肉球的專門寫真集。

貓咪全身唯一有汗腺的地方就是肉球，除了可以藉由排汗來調節體溫，還具有吸收衝擊、消除腳步聲以及防滑的重要功能，基本上是很敏感的部位。如果從小讓幼貓習慣肉球被碰觸，貓咪長大以後就不會排斥，不過說不定心裡還是很不願意呢！

支撐纖細四肢的緩衝器

貓咪經常從比自己身長高好幾倍的地方俐落跳下來，這時支撐安全落地的就是肉球。肉球還具有消除聲音、不讓獵物發現的功能，雖然緩衝能力很強，但因為沒有毛髮覆蓋，屬於纖細的部位，還是不要太常碰觸比較好。

按摩兼健康檢查

如果貓咪願意讓你碰觸肉球，就不要只是隨便按按。可以趁著這個機會，一邊按摩肉球一邊檢查指甲是否長長了，或做其他例行檢查。

memo

肉球上的毛基本上不用剪除，不過若是高齡的長毛貓，為了避免滑倒，還是用貓咪專用的除毛器去掉比較好。如果覺得有困難，就交給美容院或醫師吧！

客人來訪時的處理

貓咪及客人雙方的壓力都要考慮

遇到客人時，每隻貓咪的反應都不一樣？

對於地盤意識強烈的貓咪來說，客人就是「突然闖進來的敵人」。有些貓咪會大膽地展現威嚇，有些貓咪則只要聽到門鈴聲就會躲起來。當然，也有貓咪會靠過來撒嬌，或者是像門神一樣盯著客人，看他有沒有做壞事。

不管貓咪的反應如何，牠都沒有惡意，所以不要加以責罵。最聰明的方式，就是一開始就避開客人與貓咪碰到的機會。

維持和平的必要

貓咪基本上不喜歡爭鬥，即使遇到外來者侵入地盤，也都希望可以和平解決。牠們會發出「嘶——」的威嚇聲來牽制或趕走敵人。不只是對家裡的訪客，對其他貓咪也一樣。

事先準備避難場所

如果貓咪對訪客十分警戒，就不要逼迫牠們出來見客人，否則會造成極大的壓力。可以事先準備好貓咪的避難場所，讓貓咪可以放鬆。為了避免貓咪在客人的東西上做標記，要記得放在貓咪碰不到的地方。

memo

因為有客人的關係，貓咪會不敢去貓砂盆，很可能會隨地便溺。所以若客人來訪，要記得調整放貓砂盆的地方。

終極寶物「木天蓼」

貓咪最喜歡的秘密武器

只要適量給予，就很高興！

木天蓼自古以來就是貓咪最愛的東西，市面上則有販賣木天蓼果實的乾燥粉末或小樹枝。大部分的貓咪只要聞到木天蓼的味道，就會出現恍惚酒醉的狀態，因為當中所含的木天蓼內酯、獼猴桃鹼成份會刺激貓咪的大腦。

貓咪也喜歡貓草等薄荷類的香草，這些都是天然植物，不是麻藥，所以不用擔心貓咪會上癮。

不管是貓咪或獅子都很喜歡

不只貓咪聞到木天蓼的味道會陶醉興奮，像獅子或老虎等大型貓科動物也會產生同樣的反應。但是人類及狗狗卻不會這樣，原因至今未明。

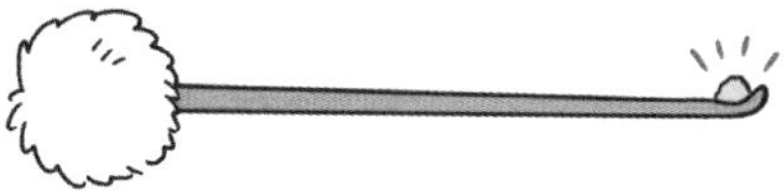

要注意給的份量

木天蓼雖然不會上癮，效果也持續不久，但還是要注意不要給太多。過去曾經發生過貓咪一次大量攝取過多木天蓼，結果導致過度興奮呼吸困難。先給貓咪一點點（大約挖耳杓尖端）的份量，視情況再斟酌給予。

memo

市面上雖然也有販賣木天蓼的種子，但為了避免貓咪誤食，還是不要拿給貓咪玩耍比較好。

讓貓咪開心的事

找到自家貓咪的嗨點

觀察喜好，用愛讓貓主子每天開心

想讓貓咪開心，最重要的就是去理解貓咪的特性，可以說「讓貓咪開心的事」＝「不做貓咪討厭的事」。為了知道更多自家貓咪的特性，平時就要做好溝通。

仔細觀察自家貓咪喜歡什麼樣的玩具、怎麼撫摸才會放鬆，每隻貓咪的喜好都不一樣，只要努力做各種嘗試，很快就能掌握貓咪的心情。

如何讓貓咪心花怒放

● 拿玩具逗牠

用貓咪喜歡的玩具跟牠玩，或者用塑膠袋及緞帶逗貓，沒有特定的方法或形式，重點是要激起貓咪的好奇心。

● 跟牠玩追逐遊戲

如果貓咪在眼前突然衝刺，就是在邀請人陪玩追逐遊戲。「衝過去追→回頭逃走」，這種組合會讓貓咪瘋狂。

● 跟牠玩捉迷藏

如果貓咪躲在暗處一直盯著你，就代表牠希望「被發現」。主人也可以躲在窗簾後面，小聲叫著貓咪的名字。

● 幫牠按摩

很多貓咪喜歡被按摩肩膀或尾巴根部，剛開始可以輕輕嘗試，一邊觀察貓咪的狀況，一邊尋找牠喜歡被按摩的地方。

● 幫牠刷毛

有的貓咪非常喜歡刷毛，甚至會躺在梳子旁邊示意。如果貓咪反應不佳，可以試著改變刷毛的道具。

● 抱抱／摸摸

這會依個性而不同，不過很多貓咪喜歡躺在主人的膝蓋或臂彎裡。也有不少貓咪喜歡有人搔下顎及耳朵根部、鼻子及眼睛周圍。

讓貓咪恐懼的事

有時保持距離比較好

真正的愛是不逼迫

不知道為何，有許多喜歡貓的人反而會被貓討厭？理由很簡單，因為太過關心了。貓咪基本上是獨行俠，牠們喜歡自由，個性善變，而且非常尊重隱私。不管貓咪再可愛，都不能強迫牠們接受人類的愛情表現，那對牠們來說是困擾。

雖然貓咪是重要的家族成員，但牠們與人類還是有很大的不同，所以要尊重貓咪的本性。

別讓貓咪心生恐懼

一直盯著牠

在貓咪的世界裡，盯著對方就等於宣戰，更別說是「一直盯著」。如果跟貓咪視線交會，可以對牠慢慢眨眼，那是代表喜歡的意思。

一直跟著牠

一直跟在貓咪後面，只會讓牠們討厭。除非貓咪主動過來邀請，其他時候都要假裝沒看到貓咪的行蹤。

跑去躲藏的地方打擾

如果貓咪躲藏起來，但沒有看著主人或把腳伸出來晃動，就代表牠想獨自一個人，這時就不要去打擾。

一直摸個不停

就算是喜歡抱抱或撫摸的貓咪，如果心情不好也會厭煩，更別說是討厭撫摸的貓咪。尾巴及肉球更是禁忌。

發出巨大聲響

貓咪討厭巨大的聲音，很多貓咪連聽到主人唱歌或打噴嚏都會生氣。

動作過大

就算是最愛的主人，如果動作過大也會嚇到貓咪，造成壓力。所以要盡量用冷靜的態度面對貓咪。

帶來幸福的刷毛

可以及早預防發現疾病

像母貓般的親密接觸

定期刷毛是照顧的基本要件，不但能幫忙去除掉毛及髒污，預防牠吞下毛球造成疾病，還具有按摩效果，能幫助血液流通、促進健康。

刷毛也是一種親密接觸，長毛貓需要每天刷毛，短毛貓則一週一次，找時間建立起與自家貓咪的刷毛時光吧！讓自己像母貓替幼貓理毛一樣，溫柔地順著毛髮輕輕幫貓咪刷掉煩惱。親密的身體接觸也能早期發現皮膚病等疾病。

只靠貓咪自己舔毛還不夠

貓咪經常會自行理毛，但只有這樣還不足以去掉所有脫落的毛髮，也還有很多地方貓咪自己舔不到。像長毛貓或春秋等換毛時期，脫落的毛非常驚人，有可能會全部堆積在貓咪的胃裡。

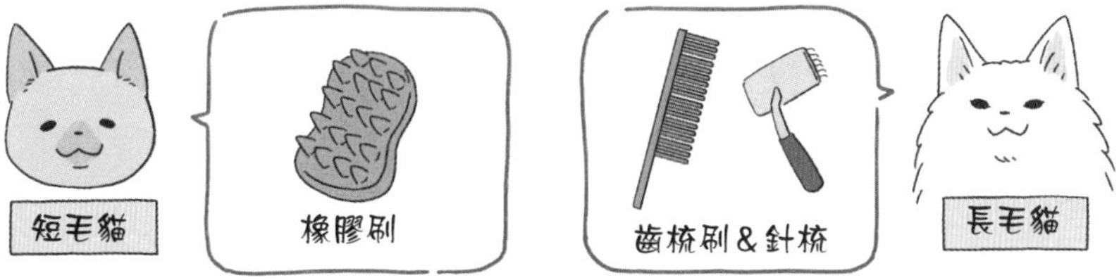

搭配毛的長度選擇工具

貓毛的長度不同，使用的工具也不一樣。長毛貓要用齒梳刷或梳齒夠長的針梳；短毛貓則大多喜歡橡膠刷。如果貓咪討厭刷毛，就要試著改變工具。

時常刷毛有助健康

有些貓咪很容易吐出毛球，有些貓咪則不然。一旦毛髮在胃裡堆積太多，會造成貓咪身體不舒服。如果貓咪沒有吐出毛球，或嘔吐物裡沒有毛髮，在刷毛時就要特別仔細。

memo

如果貓咪不喜歡就不要強迫，免得造成壓力，可以讓牠慢慢習慣。

長毛貓的洗澡

原則上貓咪可自行清潔

快速清洗、烘乾，只要雙方習慣就沒問題

基本上，貓咪不需要洗澡。不過，長毛貓理毛時沒辦法清潔到全身，所以可以一個月幫牠洗一次澡。

貓咪的祖先利比亞山貓主要棲息在沙漠裡，因此大部分的貓咪都很討厭身體被弄濕。如果想讓貓咪不排斥洗澡，就要從幼貓時期開始讓牠們習慣。另外，貓咪和人類的皮膚PH值不同，所以一定要使用貓咪專用的沐浴乳。

幫貓咪洗澡時要注意的事

❶ 把窗戶及門關緊

不習慣洗澡的貓咪可能會因為恐慌而暴走，為了避免門窗不小心打開，最好鎖上。

❷ 水溫要舒服適中

貓咪的體溫比人類要高，對主人來說剛好的水溫，對貓咪來說可能是過於溫涼。

❸ 使用貓咪專用沐浴乳

貓咪的皮膚比較敏感，PH 值和人類也不一樣。人類的沐浴乳對貓咪的身體來說可能會造成負擔，所以要使用專用沐浴乳。

❹ 確認貓咪的狀況

事先確認貓咪的身體有沒有不舒服或發燒，還有貓咪及主人的指甲有沒有長得太長。

毛弄濕後就會貼在身上

長毛貓平常看起來比實際體型要大很多，弄濕之後的大小，才是牠真正的體型。

memo

短毛貓靠自行舔毛及主人刷毛就能維持清潔。
只要身體沒有太髒，就不用特地幫牠洗澡。

用刷牙維持健康

雖然貓不喜歡，但很重要

最少3天一次，挑戰困難卻不能忽視

貓咪的永久齒分為臼齒、犬齒及門齒3種，一共有30顆。雖然不會蛀牙，但是近來得牙周病的貓咪卻有增加的趨勢。吃飼料的家貓不像經常啃咬大塊硬肉及骨頭的野貓，在進食的過程中就能清潔牙齒，所以容易累積牙垢。

刷牙對老貓來說更為重要，但是一開始很難直接用牙刷幫貓咪刷牙，可以先用濕的紗布擦拭，或使用清潔牙齒專用的濕巾。

不要強迫，要溫柔地哄

刷牙很容易造成貓咪的壓力，所以要讓牠慢慢習慣，最好可以使用貓咪專用的牙刷，或者用人類嬰兒專用的牙刷來代替。由於貓咪不會漱口，因此也要用吞下去不會有害的貓咪專用牙膏。

犬齒及臼齒需要特別清潔

刷牙時可以從後面抱住貓咪，稍微抬起牠的頭打開嘴巴，然後從門齒開始慢慢往裡刷。最容易累積髒污的是上臼齒，不要害怕貓咪抗拒，仔細地幫牠做好清潔。漂亮的犬齒也要刷乾淨喔！

memo

為預防貓咪突然恐慌咬人，刷牙時不要分心，可以先摸摸臉，再幫牠刷牙。

剪指甲的訣竅

經常磨爪也還是會長長，要定期檢查

找到正確的時機，不要勉強，慢慢訓練

貓咪尖銳的爪子會弄傷主人，也會損害家具，所以很令人傷腦筋。但是許多貓咪卻非常討厭剪指甲，每次剪指甲不是拼命掙扎就是怕得逃走。

要克服這個難關，就要趁貓咪曬太陽曬得有點迷糊或打瞌睡的那一瞬間！趁著貓咪還沒有完全清醒，趕快處理牠的指甲。但是如果牠抗拒的話，就不要強迫，等待下次的機會。為了避免不小心剪到血管，寧可多花點時間慢慢處理。

長得太長會很麻煩

貓咪指甲若長得太長，不只會不小心受傷、損害家具及窗簾，還會因為指甲不停勾到而造成困擾。對於老貓來說，過長的指甲還可能倒刺到肉球裡導致發炎。

剪得太深會痛

透過光線，可以清楚看見貓咪爪子裡的紅色血管，如果不小心弄傷就會出血。此外，那裡也有神經通過，所以會造成疼痛。不要剪得太靠近，只需要剪掉最遠的尖端即可。

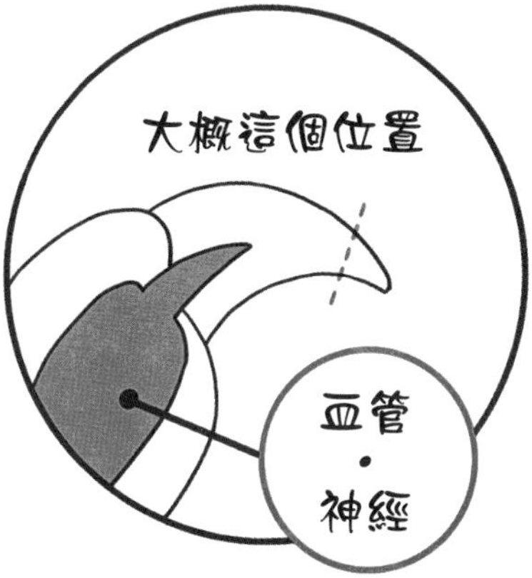

memo

主人如果擔心貓咪過於緊張，不必一次剪乾淨，盡量俐落地處理完。

按摩有放鬆效果

邊按摩邊觀察貓咪喜歡的部位

最棒的親密接觸，讓貓咪及主人都幸福

喜歡撫摸及刷毛的貓咪，當然也最愛按摩。雖然感覺貓咪不會有肩膀僵硬的問題，但經常活動的脖子周遭，以及後背卻出乎意料地僵硬，所以要溫柔地替牠們揉鬆。

替貓咪按摩沒有一定的步驟，每隻貓咪喜歡的部位及力道都不一樣。如果貓咪舒服得把眼睛閉起來，就代表這樣對了。很快地，貓咪自己就會主動跑來要求按摩了。

第4章

喵生活：日常照料與居家照護

欸？
爺爺生病了？！
嗯……這樣很難立刻回老家……
虎吉的
飼料
水
貓砂
貓發呆——
回老家得搭飛機，還得住3個晚上……虎吉有辦法一個人在家嗎？
喵呼～
唔～～
讓貓咪單獨看家，兩天一夜為極限
怎麼辦……
寵物旅館……！！
4天後
虎吉——委屈你了～～你很寂寞吧？爺爺已經沒事了～～

這次總算熬過去了……
按摩
按摩
等虎吉再長大，
變成老爺爺……
我是大人了！
飯還沒好嗎……
還可能會生病！
而且！
我也不一定會一直單身啊！
完美的
老公
孩子們
夢想中的家

哇~~~
身為主人，一定很替虎吉多考慮一些才行！
嗯……
為了虎吉，首先要做的就是……
這個！！
平常就可以做！
健康檢查表
① 測量體溫
38.1°C
② 幫身體觸診
③ 檢查飲水量
確認體重……
好重！
一點也不好
……啊，所以胖的是我嗎……
很好，很好
○ 檢查呼吸數
○ 檢查心跳數
○ 檢查食欲
○ 排泄物……
要確認的地方好多喔

選擇醫院的重點
就是那裡！
不同品種容易罹患的疾病
緬甸貓→眼疾
阿比西尼亞貓→肝臟疾病
蘇格蘭摺耳貓→軟骨骨質化發育異常
要記的事情好多……！
喵嗚
躺倒
……
咕── 咕──
希望你一直健康地待在我身邊哦！虎吉
喵嗚 喵嗚

留貓看家注意事項

整頓環境，以貓安全為第一優先

特別注意幼貓及老貓，若擔心就不要單獨放在家

貓咪本性就是獨來獨往，所以就算放其獨自看家也沒問題。但考量到飼料及水的乾淨品質，以及可能發生的事故、生病等意外狀況，建議還是以2天1夜為限較妥當。

出門前，要將家裡的環境整頓乾淨，尤其因活潑的幼貓較可能引發意外事故，所以如果出門會超過兩個晚上，最好還是寄放在寵物旅館，或是拜託可以信賴的朋友到家裡照看。

多利用寵物旅館／獸醫院

事先多去寵物旅館觀察，並和店員溝通，清楚了解店內的設備及狀況後再來決定。如果常去的獸醫院接受寄放，那就更讓人放心。有些貓咪對於不熟悉的場所、其他陌生動物的存在會感受到極大的壓力，要特別小心。

拜託家人／朋友

可以請信賴的家人或朋友幫忙照顧。看是請他們到自己家裡，或是把貓咪帶到對方家都可以。建議若對方方便也願意的話，還是到自家照護，較能減少貓咪的不安。若事先能讓對方與自家貓咪見見面，那就更好了。

請寵物保姆

寵物保姆可以到家裡照顧貓咪，對貓咪來說是負擔最小的方法，費用也比住寵物旅館便宜。由於對方是專業人士，所以可以放心，建議事前先請對方來家裡了解情況。

memo

貓咪單獨在家時，最好在多個地方放置飼料及清水，貓砂盆也要多準備幾個。

寵物籠的使用

足夠的上下運動空間，可讓貓咪滿足

短暫不在家或不受控時，可斟酌使用

寵物籠不但可以隔離頑皮的小貓，也可讓貓在人員頻繁出入的地方暫時躲藏。盡量選擇不容易勾到爪子的不鏽鋼或塑膠製、寬度及高度都足夠的籠子。由於貓咪喜歡上下跳躍，建議可以購買高度約2到3層、附有跳板的寵物籠。

如果是貓咪自己主動待在籠子裡就沒問題，不然盡量不要將貓咪關在籠裡太久，以免造成壓力導致生病。

寵物籠的優點

寵物籠可在必要時防止貓咪破壞東西或發生意外，有些主人也會在晚上將貓咪關籠，以防止晚上在家裡奔跑或一大早過來打擾。若有較不受控的貓咪，為了牠的安全，可加以利用。

關籠時要注意的事項

如果貓咪一直無法冷靜，可以試著在上面蓋一塊布。也可在籠裡放貓咪喜歡的毛毯，但不要放置可能誤吞的小東西。籠裡要放置清水及貓砂盆，若時間很長，還要放上飼料。如果有人在家，還是不要關籠，不然貓咪就太可憐了。

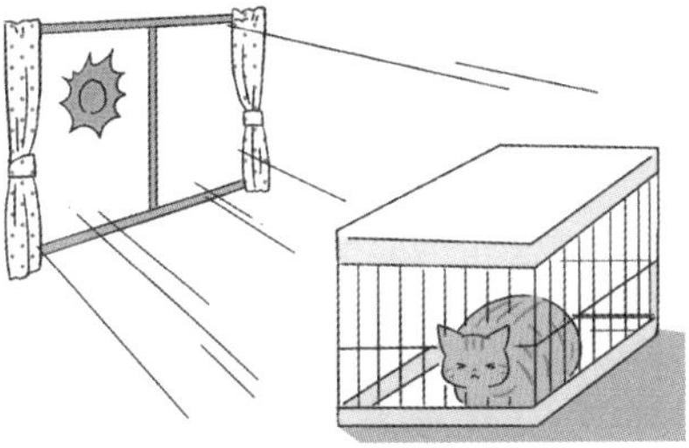

放置寵物籠的場所

不要放在陽光直射、冷氣出風口、光線太亮及人來人往的地方。可放在房屋角落等安靜之處，才能讓貓可真正放鬆休息。

memo

盡量遠離水盆、食盆及貓砂盆。除非貓咪彼此感情很好，否則最好給每隻單獨準備籠子。

多隻貓咪飼養注意事項

感情越好，可愛畫面越多

性格及時機都會有影響，不要焦急慢慢來

貓咪雖本性喜歡獨來獨往，不過也可視狀況讓多隻一起生活。最好的組合是母子、兄弟姊妹或小貓同伴。較可能出現問題的，是2隻會爭地盤的公貓，或是沉穩的老貓加上調皮的小貓。

家裡面如果有新貓到來，通常會比較吸引主人的注意力，這點必須注意。記得要以原來的貓為優先。同時也要尊重每隻貓的個人空間。

以原來的貓咪為優先

對於原來的貓而言，新來的貓是侵入自己地盤的外來者。所以不論是餵食或玩耍，都要以原來的貓為優先，這是基本原則。偶爾也要在新貓咪看不到的地方，多多與原來的貓咪培養感情。

會面要慎重

貓咪們彼此會警戒，所以不要突然讓牠們碰面，要慢慢讓牠們習慣彼此的味道及氣息。可以在新貓的籠子蓋上布，暫時放在角落或其他房間，讓貓咪慢慢習慣。

如果實在處不來

若貓咪們一碰面就互相威嚇，或不管怎麼樣都處不來，只要不會互相攻擊或發生激烈爭鬥，就沒有太大問題。可以將彼此活動的空間分開，相安無事即可。

memo

為避免日後相處不順利，在飼養新的貓咪之前，最好可以先確認，是否和原來的貓咪能合得來。

外出提籠注意事項

必備用品，主人及貓咪都須熟悉

舒服的提籠可以減輕壓力

提籠是把貓咪帶去獸醫院、美容院等外出時必備的工具，可以選擇上開式的塑膠提籠，這種款式比較不會勾到貓咪的爪子，也比較容易出入。

貓咪本來就喜歡籠子這類狹窄的地方，但是「提籠↓醫院↓打針」這個恐怖經驗可能會讓牠產生抗拒反應。平常可以讓貓咪把提籠當成另一個貓床，讓牠盡量習慣。

種類有很多

有手提、背包或推車等各種款式，有些貓咪喜歡靠近主人比較近的類型，可以從移動方式（開車或走路）來選擇。使用時務必確認關緊，避免貓咪突然逃脫。

讓貓咪自由使用

平常就可以放在房間裡，讓貓咪當成遊戲場所或另一個秘密小屋，降低被關籠時的抗拒心。盡量放在安靜的地方，裡面放置牠喜歡的毛毯，讓提籠變成「令人安心的地方」。

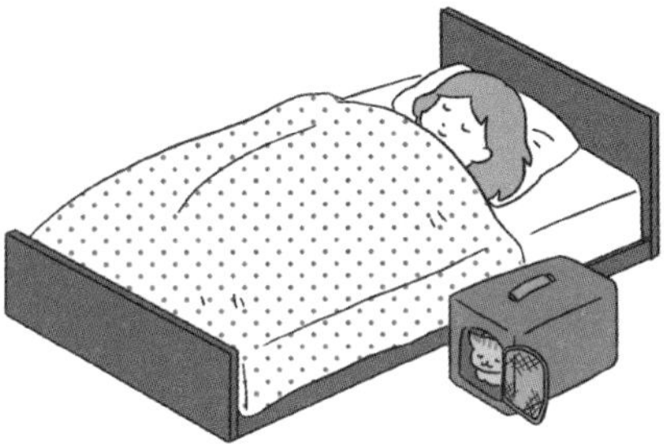

多利用洗衣袋

如果擔心貓咪突然逃脫或在籠子裡不斷掙扎，可能受傷或消耗體力，可以把貓咪放進洗衣袋裡拉上拉鍊，這樣可以安撫牠。幾乎所有貓咪都喜歡洗衣袋。如果擔心貓咪會在醫院暴走，可以直接就這樣去接受治療。

memo

開車或騎車時，貓咪亂動會很危險，即使在車子裡面，也最好不要讓貓咪從提籠裡出來。

搬家注意事項

做好規畫，讓貓咪的壓力減到最低

搬家前後都要多觀察，仔細維護身心健康

對於不習慣環境激烈變化的貓咪來說，搬家會造成牠們極大的壓力。所以，在人員出入頻繁的搬家當日，要特別注意貓咪的情況。為了要搬運家具及各種物品，大門會一直打開，須提防搬家人員驚嚇到貓咪，導致貓咪跑出門外。

最簡單的方式，就是讓貓咪待在提籠裡，或讓貓咪事先住到寵物旅館。比起待在慌亂的環境裡，這樣更能減少壓力。

如果無法寄放他處

可以先整理出一個較無人出入的房間，讓貓咪待在裡面。也可以把貓咪放在提籠裡，再放到廁所或空房。若擔心貓咪的狀況，可以常常去看一下貓咪或出聲叫牠的名字。

搬運貓咪時

最好可以開車過去，讓主人和貓咪一起移動到新家去。若是搭交通工具，須注意是否要買寵物票。如果移動的時間很長，要不定時觀察貓咪的狀況，給予緩衝的時間。

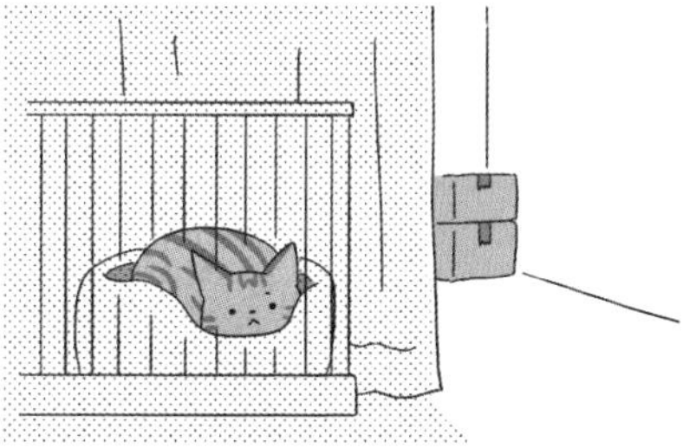

到了新家

新家到處是堆積的箱子，可能會很危險。先將房子稍微整理一下，以確保貓咪有安全的活動空間，再讓貓咪出來。剛搬到新家時，務必要小心別讓貓咪逃走。另外，最好可以事先調查新家附近的動物醫院，以防萬一。

memo

搬家再忙，也要多關心貓咪的狀況。

飼主生活習慣與影響

規律的生活習慣，才能維持人貓身心健康

不規律生活，可能會帶來疾病與壓力

家貓的活動時間大多在清晨及傍晚，據說，這是因為老鼠等獵物都在此時期活動。貓有感知日照時間的能力，會隨著光線變化調整一天的生活節奏。

但若主人過著不規則的生活，就會打亂家貓原本的生活節奏，比如睡覺及進食的時間，而提高了生病的機率。為彼此的健康著想，還是盡量過著規律的生活吧。

其實生活很規律

雖然貓看起來整天都在睡覺，起床時間也很隨意，但其實和其他動物一樣，都過著十分規律的生活。由於活動時間與人類不同，所以要留給貓咪一個可以安靜休息的空間，不讓受到主人的影響。

骯髒的房間危機四伏

如果把人類的食物四處亂放，貓咪很可能就會不小心吃下對身體有害的東西。小東西及垃圾都是造成貓咪誤食或受傷的原因。維持房間的整齊清潔，無論是主人或貓咪都能生活得更舒適。

燈光及電視一直開著會造成壓力

燈光及電視一直開著，這些光線及聲音會對貓咪造成壓力。一天當中至少要有一半以上的時間，讓貓咪可以待在安靜放鬆的空間。尤其是晚上，要適時地讓貓咪待在陰暗安靜的地方。

memo

飲食、睡眠、排泄……把握好愛貓大致的生活習性。

不同季節注意事項

以自然的環境，感受四季變換

貓咪的舒適溫度與人類不同？建立溫度適宜的環境

貓咪有畏寒及怕濕的傾向，雖然每隻品種不盡相同，但室溫攝氏20～28度，濕度50～60％，對貓咪來說是最舒服的環境。家裡要有冷暖不同的環境，讓貓咪可以自由地調節體溫。

在春秋等換毛季節，貓咪會掉落大量毛髮，所以需要經常刷毛。另外，無論天氣冷熱，房間每天都要透氣，讓環境盡量接近自然，這樣可以消除貓咪的壓力。

春

這時是冬毛的換毛期，會掉落大量的毛髮，要比平常更經常替貓咪刷毛。這時也很容易感染跳蚤及塵蟎，所以房間要保持清潔，刷毛時也要更小心注意。春季更是貓咪的發情期，要小心貓咪脫逃，發情期的貓咪比平常要更具有動物本能。

夏

貓咪是怕熱的動物，也很不喜歡濕氣，天氣特別濕熱的日子要記得使用除濕機。冷氣太強的房間容易讓貓咪生病，最好可以開窗流通自然空氣，不過要記得做好安全措施。貓咪的濕飼料要小心保存，不然很容易腐壞。

秋

和人類一樣，貓咪很容易在秋老虎時節中暑，要小心注意。這時節氣溫變化劇烈，要在貓咪的行動範圍裡準備好溫暖及涼爽的環境。
一旦氣溫變涼，貓咪的食欲就會增加，雖然這是貓咪的本能，但也要小心變的過度肥胖。

冬

貓咪非常怕冷，所以需要準備毛毯等可以禦寒的東西。不過，開著暖氣的房間又會造成貓咪脫水，引發身體的不適，所以要讓貓咪可以自由出入沒有暖氣的地方，以調節身體狀況。
有些貓咪因為怕冷而會減少排泄的次數，要多觀察貓咪的狀況，需要的話要改變貓砂盆的場所。另外，為了避免貓咪運動不足，要多跟牠玩耍。

繁殖的計劃與確認

生還是不生，完全由主人決定

半年內做好決定，若不生就要結紮

貓咪的受孕率非常高，如果主人沒有要繁殖的意願，最好可以替貓咪做結紮手術。手術通常在貓咪出生後半年到一年間進行，結紮後的貓咪會減少標記行為，但也容易發胖。可以和獸醫師討論，了解手術的優點及缺點後再做決定。

如果想要貓寶寶，可以從朋友的貓咪那裡尋找對象，也可以詢問領養單位、獸醫院或有配種服務的貓舍，不過後者就需要費用了。

決定權在母貓

只有母貓發情時，附近的公貓才會隨著發情，因此交配的決定權在母貓。日照長短對發情影響很大，很多貓咪會在春、夏季等日照較長的季節發情。

可能是同母異父？

母貓在每次的發情期，都可以跟好幾隻公貓交配。由於母貓是一次排出複數卵子的多胎動物，所以可以一次接受多隻公貓的精子，同時懷孕生產。除了貓咪，兔子也是屬於多胎動物。

如果貓咪意外懷孕

如果家裡無法飼養小貓，就要盡早（小貓出生前）找好領養者。如果自己找不到領養的人，可以透過送養團體，經由正式手續委託出去。等貓咪生產之後，要盡快做好結紮手術。

memo

考慮到貓咪的一生及主人的狀況，須盡早做好貓咪的生涯規劃。

小貓的生產與養育

與心愛的小貓度過特別時光

學習生產及養育知識，讓母貓感到安心舒適

貓咪的孕期大約9週，每次可以生產3到6隻小貓。這段期間，主人要負責管理母貓的身體健康，以及準備讓貓咪安心的生產環境。母貓生產當時倒是不需要人類的幫忙。

小貓出生後6週，就會從母貓那裡學會貓咪的所有技巧。主人只要配合小貓的成長給予適當的飼料，預防小貓走失及發生意外，做好該有的輔助即可。

❶ 發情

發情的母貓會發出撒嬌似的叫聲。何時發情及選擇交配的公貓，決定權都在母貓身上。

❷ 妊娠期（約 9 週）

初期比較看不出差別，所以有時很晚才會發現貓咪懷孕。貓咪的腹部會慢慢漲起，乳頭也會變得比較明顯，食欲及睡眠也會變得旺盛。快要生產時，要事先準備好可以育兒的安靜空間。

❸ 生產／授乳

母貓基本上會自行生產。母貓產後會授乳，舔舐小貓屁股促進排泄……會變得非常忙碌。只要母貓沒有過來撒嬌或求助，主人就盡量不要插手，只要在旁守護即可

❹ 育兒

母貓會一邊餵養活潑的小貓，一邊教導牠們玩耍及進食的技巧。等到小貓可以自由走動，主人就可以跟牠們一起玩了。

❺ 獨立

即使有人領養，至少也要讓小貓待在母貓身邊 2 個月時間，可以增加小貓的免疫力及生存技巧。許多小貓在母貓身邊會變的過於依賴，所以等到小貓長大後，母貓就會把牠們趕走。一般來說，小貓在出生後 6 個月就會獨立。

當家裡增加人類新成員

不要著急，慢慢成為家人

慢慢增進感情，觀察貓咪的變化

如果主人家裡突然發生變化，貓咪會變得很敏感，那種不安會增加牠的壓力，讓貓咪變得粗暴或是退縮。而若家中開始要增加人口，例如結婚，最好可以事先跟貓咪「打個招呼」，慢慢讓牠習慣這些變化。

家裡如果有寶寶出生，可能也會對貓咪造成壓力，如果貓咪過於緊張，很可能會攻擊寶寶，那就糟糕了。所以盡量增加貓咪的接觸時間，讓牠安心吧！

不要改變與貓咪的關係

小心把太多注意力放在新家人身上，結果減少跟貓咪的接觸。回到家或起床時，首先跟貓咪打招呼，再撫摸或抱抱牠，不要讓貓咪覺得家裡的規律突然改變。

保持適當距離反而能拉近距離

雖然希望貓咪可以趕快和新的家人建立感情，但也不要太勉強雙方。新成員初期可以不用過於積極，甚至無視貓咪都沒關係。就保持適當的距離，等待貓咪自己靠過來吧！

可能會偷偷嫉妒

雖然表面上不會表現出來，但貓咪會在背後偷偷觀察家人的情況。如果是愛撒嬌的貓咪，說不定還會偷偷嫉妒。在貓咪習慣新的變化之前，主人們最好不要表現得太過親密。

memo

盡量不要改變之前的環境，讓貓與新成員在原來的狀況中慢慢增進感情。

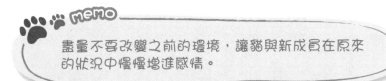

幼童與貓咪的相處

守護雙方的安全與幸福

建立良好關係，大人的守護不可或缺

不管是以前還是現在，人類的小孩都是貓咪的「天敵」。孩子總是會不顧貓咪的心情想摸就摸，不是拉貓咪的前腳，就是很用力地抱牠。對孩子來說只是在表達對貓咪的喜愛，對貓咪來說卻是困擾。

另一方面，太靠近貓咪對孩子來說也很危險。如果貓咪不願意，但孩子還是一直碰觸牠，很可能會被咬傷或抓傷。大人也要教導孩子正確的觀念，讓孩子與貓咪可以建立良好的關係。

貓咪對孕婦很危險？

之所以一直有這樣的傳聞，是因為一種叫「弓漿蟲」的寄生蟲。它對貓咪幾乎沒有影響，對人類的嬰兒也一樣，並且感染的機率也很低，所以不用擔心。只要保持貓砂盆的清潔，清洗過後勤加消毒就可以預防感染。

守護貓咪與嬰兒

基本上，貓咪不會攻擊小嬰兒。但是如果突然大聲喊叫或抓住牠的身體，貓咪有可能因為驚嚇而揮爪或咬人。當貓咪與小嬰兒同處一個空間時，父母最好不要離開視線。

與動物共同生活的意義

與動物共同生活，會讓孩子成長為一個感情豐富又溫柔的人。因為動物不能說話，所以孩子必須從行動來了解動物的心情，也會對牠們用小小身軀努力活下去的姿態感到尊敬，更能給予孩子單純的愛。

memo

對孩子來說，貓咪是兄弟姊妹，也是師父，
更是人生的一個好朋友。

貓咪的成長階段與變化

在一起的時間太短暫，不要留下遺憾

做好適度照顧，讓牠更長壽

貓咪的成長速度比人類快許多，牠們的1年相當於人類的4年。

活潑的年輕時期，要小心牠們受傷或發生意外；中年時期，運動能力會衰弱，生病的機率也會增加。11歲以後要將飼料換成「老貓專用」，並仔細管理貓咪的健康狀況。

由於飼料品質的提升及動物醫療技術的進步，家貓的平均壽命獲得很大的增長。完全室內飼養的家貓大約可活15歲，近來更有活到將近20歲的貓咪。

貓咪V.S.人類年齡

換算成人類的年齡，最初的 2 年大約是 20 歲，之後每 1 年增加 4 歲。

可能的疾病檢測表

身體出現變化一定有原因，要趕緊找到病因

早期發現早期治療，只有主人才能拯救貓咪

貓咪是會隱藏身體狀況的動物，因此當身體出現變化時，可能已經病得相當嚴重。高齡的貓咪容易罹患腎臟及內分泌的疾病，如果可以能早期發現早期治療，不僅能夠防止症狀惡化，還可能完全康復。

如果貓咪表現出和平常不一樣的狀況，就要非常注意。透過檢測表確認過後，去醫院檢查一下吧！

貓咪常見疾病症狀檢測表

表中所記載的症狀只是代表性的例子。
一旦貓咪出現這樣的狀況，不要自行判斷，最好去醫院檢查。

躲到寒冷的地方	可能是身體不舒服，需要降低體溫。
超過 1 天以上沒有精神	可能罹患嚴重的疾病，若狀況持續，最好去醫院。
視線焦距不合	可能是視網膜出血造成失明，也可能是腦部的疾病。
對周圍毫無反應	可能是身體有強烈的疼痛，或疾病的末期症狀，也可能是腦部的疾病。
呼吸急促、用口呼吸	可能是肺部、心臟的疾病或甲狀腺機能亢進，也可能是胸部積水。
不停顫抖	可能是癲癇或腦部疾病，也可能是重度的腎臟病或肝病，或低血糖所引起。
眼白發黃	可能是肝病引起的黃疸。
嘴巴疼痛、口臭	可能是牙結石或牙周病、口內炎；也可能是惡性腫瘤的扁平上皮癌。
不停嘔吐	大多是胰臟炎或甲狀腺機能亢進，也可能是腸胃出現腫瘤。
腹部膨脹	可能是腹部積水或癌症造成的內臟腫大。
不進食	可能是罹患嚴重的疾病，如果狀況持續，最好去醫院。
不喝水	可能是腎臟病、糖尿病或甲狀腺機能亢進症。
頻繁排尿	可能是膀胱炎或尿道結石。

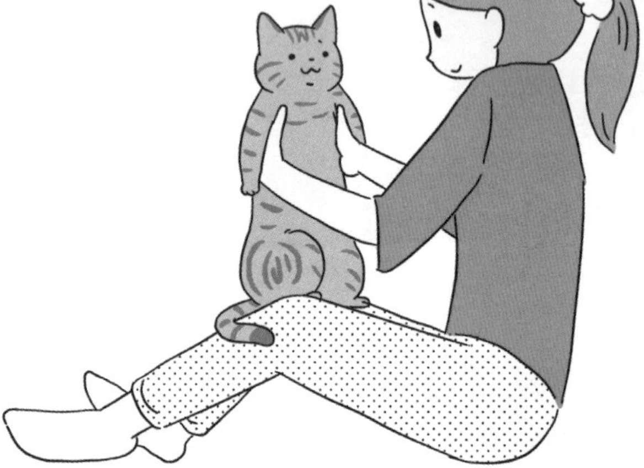

平常就能做的健康檢測

長壽的秘訣，是每年2次健康檢查

透過碰觸身體，定期健康檢查

想要早期發現貓咪的身體狀況，平常就要養成經常碰觸身體的習慣，這樣才能發現細微的變化。最重要的是，平常就要做好體溫、體重、心跳數及呼吸數的定期檢查，用數據來確認變化。

健康檢查的話，年輕貓咪1年1次，10歲之後1年2次。健康檢查有兩大優點，一是可以早期發現疾病，另一個是可以得知貓咪健康時的數值。

可以在家進行的健康檢查

體溫

最好可以使用寵物專用的耳溫槍，在家時的體溫 37.5 到 39 度都屬正常。

體重

由主人抱著貓咪坐上體重計，之後再扣掉主人的體重，就能得到大概的重量。如果貓咪毫無徵兆地減輕體重就要注意。

呼吸數

在貓咪平靜的狀況下觀測胸部的起伏。以 1 分鐘的呼吸數為基準，用 15 秒之間的次數乘以 4 來計算。正常標準是 1 分鐘 24 到 42 次。

心跳數

將手放在貓咪胸下測量心跳，用 15 秒之間的心跳數乘以 4 來計算。正常標準是 120 到 180 次。

排泄物

除了確認是否腹瀉或便秘，同時還要觀察味道及顏色。尿液也同樣要觀察顏色、味道、次數及量。排尿與排便的正常標準是 1 天 1 次左右。

食慾、飲水量

注意貓咪進食時的攝取量及食慾狀況，如果食慾及飲水量突然增加或減少，盡快去醫院檢查。

身體接觸

碰觸貓咪身體時，可以觀察是否有疼痛反應、是否肌肉僵硬或嚴重的脫毛。

四成老貓都會得的腎臟病

因為容易罹患，故照護相對重要

學習正確知識，做好預防及觀察

造成老貓死亡最多的原因就是「腎臟病」。由於貓咪在進化的過程中，身體會逐漸演化出限制尿量的機能，但是製造高濃度的尿液對腎臟的負擔非常大，加上牠們的腎臟相對於身體顯得過小，因此容易罹患腎臟病。

腎臟病的初期症狀是尿液及飲水量的增加，也就是「多飲多尿」，但是這個症狀很難發現，所以平時就要做好定期檢查。

準備貓咪喜歡的清水

當貓咪罹患腎臟病，除了藥物治療，最重要的就是要小心貓咪的脫水症狀。每隻貓咪喜歡的水都不一樣，所以要以貓咪的喜好為最優先，準備溫水、冷水，甚至是有柴魚味道的水都可以。

鹽份過重的東西絕對禁止

就算以人類口味來說已經算清淡的食物，對貓咪也可能鹽份過重。貓咪可以吃沒有調味的生魚片或水煮雞肉，但調味過的絕對不行。因像是鮪魚罐頭的鹽份就意外地多。

為什麼貓咪容易得腎臟病？

腎臟是將體內的老舊廢物化為尿液排出體外的器官，而排出老舊廢物則需要腎元（Nephron）這個構造。相對於腎臟的大小，貓咪的腎元數量很少，所以容易罹患腎臟病。

memo

只要是腎臟機能衰退的疾病，都統稱為腎臟病。藉由血液檢查、X光、尿液檢查來找出具體的病名吧！

老貓夜鳴是病前徵兆

不要忽視老貓的求救

怎麼晚上還一直叫，跟小貓咪一樣
安靜一點啦
不是啦——！
喵
喵

了解夜鳴原因，狀況不對馬上送醫

如果超過13歲的老貓開始夜鳴，就很可能是罹患腦部腫瘤、高血壓或癡呆症。症狀特徵是用一定頻率的聲音大叫、凝視著某處大叫或發出比發情期低的吼叫聲，甚至是毫無目的地大叫。

年輕貓咪偶爾也會夜鳴，但那多半是想要找人跟牠玩耍。如果老貓頻繁夜鳴，就要盡早到醫院就診，以便找出原因。

基本上不太叫

貓咪的忍耐性很強，比起其他動物，牠們不太發出叫聲。如果貓咪對著主人叫，那一定是有什麼希望或需求，像是肚子餓了或貓砂盆需要清理。

晚上也很有精神

老貓比較常夜鳴，年輕的貓反倒比較少見。若年輕的貓咪夜鳴，那就是在撒嬌，或是晚上精力過剩想要玩耍。這時責罵並沒有用，還是盡量滿足貓咪的要求吧！

老貓一直叫時，可能罹患的疾病

- 甲狀腺機能亢進症
- 高血壓
- 腦瘤
- 癡呆症

memo

如果貓咪晚上一直夜鳴，在看醫生前，最好先把次數及狀況記錄下來，才能得到正確的診斷。

貓咪的肥胖度檢測

有腰身的修長體型，是理想體型

肋骨的部位是重點，肥胖可能造成疾病

太過肥胖會讓貓咪罹患糖尿病及尿結石，所以一定要注意自家貓咪的肥胖度。

如果在觸摸貓咪身體時，摸不到肋骨只摸到脂肪，以及從側面看腹部整個下垂，就代表貓咪太過肥胖。不要靠目測來決定飼料的份量，要盡可能給予貓咪營養均衡的食物。另外，小貓、成貓及老貓，每個不同階段的貓咪所需要的營養素及份量都不一樣，最好可以找獸醫師討論。

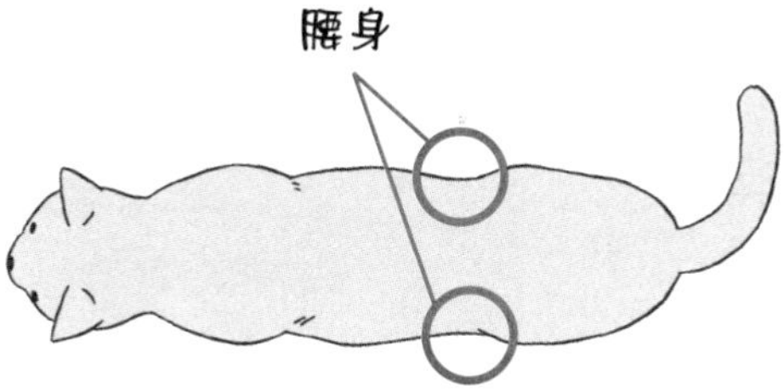

目標是理想體型

理想的體型是從上往下看，可以在肋骨後方看到腰身，並在觸摸時能摸到肋骨。如果一眼就能清楚看到肋骨，那就是太瘦了。要是摸不到肋骨，又看不到腰身，再加上腹部下垂，那就是過度肥胖的徵兆。若是只有腹部鼓起，則可能是懷孕或生病。

有百害而無一利

和人類一樣，肥胖也是導致貓咪罹患各種疾病的原因。出生 1 年以上的貓咪，如果每年胖超過 1 公斤以上，就要注意。相反地，若是體重急劇減輕，或是明明食慾不錯卻還是變瘦，那就不是健康的徵兆。與其盯著貓咪的進食量，還不如調整給貓咪的飼料份量。

肥胖可能引起的主要疾病

尿結石

不喝水、上廁所的頻率低、過度肥胖都是尿結石的主要原因。

糖尿病

因為對胰島素的抵抗性上升，導致血糖也上升。

皮膚炎

因過胖導致很多地方理不到毛、變得髒污，進而引起皮膚炎。

關節炎

和人類一樣，關節會因為持續支撐過重的體重導致負擔太大。

減肥的訓練與重要性

不要著急，慢慢達成理想體重

不要輸給貓咪的抗議，徹底做好飲食控制

如果透過前面的檢測，發現貓咪過度肥胖，就要盡早開始減肥。但因家貓很難突然增加運動量，因此基本上要靠飲食來加以控制。

首先，先測量出適當的飼料量，在固定的時間給予貓咪。這時，一定要選擇含有必需營養素的減肥用飼料。如果家裡飼養多隻貓咪，一旦發現有吃剩的飼料，要趕快收起來，避免有的貓咪自動加餐。

最好的方法就是預防

想要讓肥胖的貓咪瘦下來，無論是主人或是貓咪都需要很大的毅力。對於不明白減肥重要性的貓來說，被迫減少飼料及零食，還有攝取自己不喜歡的食物都是壓力。所以最好的方法就是做好預防，再來就是及早進行對策。

貫徹鋼鐵的意志

對於野生動物來說，飢餓是一件非常可怕的事。動物基本上都會喜歡高熱量的食物，因此許多貓咪都不吃減肥飼料。如果貓咪超過 24 小時不進食，就要考慮換別的廠牌來試試。

如何應付貓咪的抗議

如果貓咪嚴重排斥減肥飼料或不斷要求加餐，對主人也是一種負擔。為了不讓自己認輸，最好還是離開現場，只要重複幾次，貓咪最後應該就會放棄。

memo

肥胖是家貓的特有症狀，所以主人要負責做好預防。

公貓結紮注意事項

結紮優點多，缺點是容易發胖

多方面判斷，做好執行計畫

結紮手術可以解決公貓噴尿及爭奪地盤的行為，只要出生半年以後、體重超過2.5公斤就可以進行手術，費用大約台幣一千到二千元之間，大多數的時候手術當天就能回家。

進行手術後，公貓的個性會變得比較穩定，但也要小心變胖。另外，公貓大約到3歲臉部的骨骼就會定型，若這個時候才做結紮手術，就會留下威風凜凜的公貓臉型。

不需住院的結紮手術

公貓的結紮手術通常當天就能完成，預約時，醫院會告知手術前後的注意事項，一定要好好遵守。手術前一天大多需要絕食，如果家裡的貓咪超過 1 隻就要特別小心。雖然是簡單的手術，但是對貓咪的身心會造成很大的負擔，因此手術前後都要非常注意貓咪的狀況。

越早越好

公貓出生後 4 個月，依體力及身體的狀況就可能進行結紮手術。公貓只要進行過一次標記行為，即使後來做結紮手術，這個習慣還是會殘留下來，因此若打算要替公貓做結紮，還是越早越好。

公貓結紮的優點

減輕壓力

慾求不滿通常是壓力的來源，但結紮過後卡路里的消耗也會減低，因此容易發胖。

減少問題行為

可以抑制標記行為、發情期的叫春及公貓之間的爭鬥。

預防疾病

可以減少精囊及前列腺的疾病。

更加長壽

結紮降低疾病及逃走的風險，還能減輕壓力，因此能提高壽命。

母貓結紮注意事項

若不希望母貓懷孕，主人要負起責任

馬上就可以回來了啦！之後就可以更安心了哦
會遇到什麼事──？好可怕喔～～

不論是懷孕或結紮都要做好計畫，術後要注意肥胖問題

母貓做結紮可以減少卵巢、子宮及乳腺腫瘤的疾病，也能消除發情期的求愛行為，費用視地區行情與診斷需求皆不相同，並且需要住院。

和公貓一樣，母貓結紮過後精神會變得比較穩定，也會更長壽，但同樣容易變胖。要注意的是。母貓和人類不同，是在交配過後才會排卵，因此懷孕率是百分之百。母貓每次懷孕大約會生下3到6隻小貓，因此做好計劃很重要。

發情的時候

當母貓發情時，會發出比平常更大的叫聲，還會躺在地上磨蹭身體，一直過來撒嬌。雖然每隻母貓的狀況不一樣，但發情時的行為，通常會讓第一次見到的主人大吃一驚。平常對外面毫無興趣的母貓甚至有可能逃走。

需要住院1到2天

母貓結紮需要開腹，因此需要住院。預約時醫院會提供術前術後的注意事項，一定要嚴格遵守。這個手術對母貓的身心都會造成很大的負擔，因此術後要特別注意母貓的狀況，飲食上也需要小心。

母貓結紮的優點

減輕壓力

欲求不滿通常是壓力的來源，但結紮過後卡路里的消耗也會減低，因此容易發胖。

預防意外的懷孕

日本每年都有大約 8 萬隻貓咪遭到安樂死，為減少不幸的貓咪，要確實做好結紮。

預防疾病

可以降低乳癌的風險，如果連子宮也完全摘除，就能預防子宮的疾病。

更加長壽

結紮降低疾病及逃走的風險，還能減輕壓力，因此能提高壽命。

動物醫院的選擇要點

貓咪、主人與獸醫師的相容性

選擇合適的醫院，比什麼都重要

擁有固定配合的獸醫師，對自家貓咪的健康及主人的安心都很有幫助。可以從醫院裡的清潔狀況、費用是否透明，還有貓咪、主人與醫師的相容性來擇選。

另外，也可從醫院是否為經過認證與推薦的「貓咪友善診所」來做判斷標準。等待就診時，不要把貓咪從提籠裡抱出來，主人及貓咪都盡量不要接觸其他動物。

漏翻譯

選擇醫院的評分表

- ☐ 距離家裡很近，看診或住院都很方便
- ☐ 會客室、診療室都很乾淨
- ☐ 細心回答飼主的問題
- ☐ 事先告知治療及檢查所需費用
- ☐ 對於貓咪的知識很豐富，態度也很慎重
- ☐ 診療費的明細清楚易懂
- ☐ 願意提供第二意見
- ☐ 醫院裡有貓咪不害怕的醫師

主要品種的常見疾病

為維持純種，所造成的遺傳疾病

每種貓咪都有容易罹患的疾病

不同品種的貓咪除了擁有不同的個性，容易遺傳的疾病也不一樣。

例如，大型的緬因貓就容易罹患心肌肥厚症，但小型的新加坡貓就要小心遺傳性的丙酮酸激缺乏症。

若有想要飼養的貓咪品種，除要了解其個性之外，也須事先查明該品種貓咪可能罹患的遺傳病症。

純種貓容易罹患的疾病

緬因貓

心臟病（心肌肥厚症）

美國短毛貓

心臟病（心肌肥厚症）

阿比西尼亞貓

血液疾病、肝臟疾病、皮膚疾病

波斯貓

肝臟疾病、眼疾、皮膚疾病

挪威森林貓

糖尿病

新加坡貓

丙酮酸激酶缺乏症

蘇格蘭摺耳貓

軟骨骨質化發育異常、心臟病（心肌肥厚症）

俄羅斯藍貓

末梢神經障礙

布偶貓

心臟病（心肌肥厚症）

接種疫苗，預防疾病

學習正確知識，守護貓咪健康

定期接種疫苗，防範各種疾病

透過接種疫苗可以預防的貓咪傳染病，有貓免疫不全病毒感染（俗稱貓愛滋）、貓白血病毒等。除了出生後第2個月及第3個月會注射疫苗，之後每年都要接種一次。

就算貓咪是全室內飼養，主人也可能帶進病原體讓貓咪感染。此外，除了傳染病，很多貓咪也會罹患膀胱炎、腎臟病等泌尿器官或消化系統的疾病。平常就須多觀察貓咪嘔吐等的症狀。

一年一次的疫苗接種很重要

就像人類一樣，並不是在幼兒期接種疫苗，就能一輩子不用再擔心那個疾病。為讓貓咪能維持適當的免疫力，每年都需要追加一次疫苗接種。

要特別注意跳蚤及塵蟎

如果貓咪有機會外出，就要小心感染跳蚤及塵蟎。此外，就算是全室內飼養，如果是透天厝，跳蚤也可能從一樓侵入。貓咪一旦感染跳蚤，就很容易反覆發作，所以事前要做好徹底預防。

親親絕對禁止

有些主人會因為自家貓咪太可愛而親吻牠，這在網路上可以經常看到。但是，即使是室內飼養的貓咪，身上也潛藏著會感染人類的細菌，巴斯德桿菌症就是代表的例子。這種病菌還可能發展成肺炎，所以要特別小心。

memo

貓咪的預防醫學日新月異，為了學習正確的知識，要做好定期檢查及預防接種。

需要注意的疾病與預防

貓免疫不全病毒感染（貓愛滋）	貓傳染性腹膜炎
主要是透過打架時經傷口傳染。一旦發病就很難治癒，但也有可能不會發病。 症狀：免疫力低下、慢性口內炎 預防：接種疫苗、全室內飼養	致死率很高的病毒性感染，會引起腹膜炎及胸膜炎。 症狀：腹部積水、食欲不振、腹瀉 預防：接種疫苗
貓白血病毒感染	**支氣管炎、肺癌**
經由感染的貓咪唾液傳染，也有可能在母貓的肚子裡就已經感染。 症狀：食欲不振、發燒、腹瀉 預防：接種疫苗、全室內飼養	感冒拖太久引起的病症，因為很容易惡化，所以早期發現很重要。 症狀：咳嗽、發燒、呼吸困難 預防：接種疫苗
傳染性貓鼻氣管炎	**乳腺腫瘤**
與感染的貓咪直接接觸，或經由空氣中飛散的唾液感染。 症狀：打噴嚏、流鼻水、發燒、結膜炎 預防：接種疫苗	也就是所謂的乳癌，常見於高齡的母貓，容易轉移至肺部。 症狀：免部的腫塊、乳頭出現黃色分泌物 預防：盡早做結紮
貓泛白血球減少症	**糖尿病**
與感染的貓咪接觸，是致死率很高的病毒性疾病。 症狀：發燒、嘔吐、血便 預防：接種疫苗	血糖上昇時，飲水量會急遽增加，過度肥胖的貓容易罹患。 症狀：食量及飲水量的增加、體重減輕 預防：飲食管理及避免運動不足
貓環狀病毒	**甲狀腺機能亢進**
貓咪特有感冒病毒（不會傳給人類）。 症狀：眼屎、流口水、打噴嚏、口內炎 預防：接種疫苗	主要是甲狀腺荷爾蒙異常分泌，導致熱量過度消耗。 症狀：食欲增加、行為怪異、變得有攻擊性 預防：確認症狀後早期治療
貓衣原體病	**膀胱結石**
與感染的貓咪接觸，早期治療可以治癒。 症狀：眼屎、結膜炎、打噴嚏、咳嗽 預防：接種疫苗	膀胱內出現結石，刺激黏膜導致膀胱炎。 症狀：血尿、頻尿 預防：讓貓咪多喝水 換成尿結石專用的飲食

第5章

喵雜學：有趣的冷知識

這邊 這邊——
5分鐘後
體力透支
不會動了喵～～
虎吉啊，你的精力真旺盛……
呼
呼
滿血復活！
展現野生的本性……
嗚哦哦哦哦哦哦哦
真不愧是貓科的野獸……
吼
呼——累死我了……
這就是虎吉的祖先呀……
比虎吉看起來更像老虎——
利比亞山貓
?

每次都用同一支逗貓棒跟牠玩……
一直用同樣的玩具，虎吉應該也會膩吧？
我都覺得
膩了……
有好多種逗貓的玩具可以用簡單的材料在家自己做呢……！
哦！
那就來做看看！
好！
新的玩具做好囉——！
喵——！

虎吉喜歡那個啊？
舊襪子做成的玩具
還有這種的哦？
聞
聞
無視
……
哪
哪
……
主人 < 襪子
你會不會聞太久了啊……？
聞
聞
聞
聞
聞
聞
聞聞……
……
傻笑……
傻笑～～
這個表情我在網路上看過！
啊！

這就是聞到臭味的弗萊敏反應啊？
大家的表情都好好笑
聞
聞
聞
聞
聞
聞
聞
繼續傻笑——
啪嚓！
虎吉的表情也好誇張——
傳到推特上吧——
虎吉這麼可愛，說不定爆紅呢……
哼哼哼……
這個玩具也不錯玩的喵

出身於沙漠的祖先

所有殘留習性的起源

與人類共存的發展，演化成現在的「家貓」

現在和我們生活在一起的「家貓」的祖先，據說就是生活在半沙漠地帶的「利比亞山貓」。

利比亞山貓在古埃及時代，被當成家畜飼養，之後就習慣與人類共同生活。由於人類的聚落群聚許多可作為糧食的野鼠，因此對利比亞山貓的生存也是有利的。就這樣代代繁衍下來，最後就演變成現在的家貓。

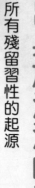

喵的心還留在野生
時代……

這樣就更能了解貓咪的習性

利比亞山貓為了獵捕野鼠及野鳥，演化出優秀的身體機能。與現世貓咪的共通點，就是高度的跳躍能力及黑暗中的優秀視力等。另外，利比亞山貓為躲避敵人，喜歡待在狹窄的樹洞裡，這點也一模一樣。

在埃及是女神

利比亞山貓與古埃及人共同生活，經過漫長的歷史之後，被埃及人尊崇為「芭絲特女神」。近來在世界各地的遺跡裡也發現被隆重下葬的古代貓。

野生的山貓與人類的共存關係

尼羅河流經古埃及帶來肥沃的土壤，也沖刷出一片巨大的穀物區，但也同時讓他們飽受野鼠的侵害，這時喜歡吃野鼠的利比亞山貓就登場了。埃及人選擇保護利比亞山貓，走上共生共存的道路。

memo

獅子女神塞克邁特，是為貓女神芭絲特的姐姐，
在古代埃及也十分受到崇拜。

日本貓咪的出現

不管什麼時代都有貓奴

天皇也非常喜歡貓咪

日本的貓咪，是從中國大陸遠渡重洋而來。西元6世紀中葉，佛教自中國經朝鮮傳入日本，據說當時為保護佛教經典不被老鼠咬壞，所以讓貓咪一起登船，不過這部分沒有確實的紀錄就是了。

日本文本中第一次出現貓咪的記載，是在宇多天皇的日記，主要是在稱頌「唐貓」的美麗。依此判斷，貓咪應該是在奈良時代到平安時代初期來到日本的。

航海時的重要夥伴

古代航海時最困擾的就是糧食遭到鼠患，貿易商人為保護貴重的糧食，便帶著貓咪一起上船，貓咪作為當時的珍稀動物開始受到世界各地注目。而後各國的人都開始養起貓咪，成為所有人共同的夥伴。

浮世繪裡也有很多貓咪

貓咪在江戶時代人氣達到高潮，出現了許多以貓咪為題材的浮世繪。代表的例子就是歌川國芳及葛飾北齋。特別是歌川國芳以愛貓聞名，留下許多跟貓咪相關的名作。

小說裡也大活躍

喜歡貓咪的不只是繪師及畫家，還包括大文豪。夏目漱石的代表作《我是貓》，就是以一隻無名的貓咪為主角。據說當那隻成為小說主角的貓咪去世時，夏目漱石還把牠葬在後院，並且立了一個墓碑。

memo

雖然宮澤賢治許多作品都以貓為題材，但據說他其實很怕貓。

幼貓眼睛的變化

出生2、3個月內才有的稀奇瞳色

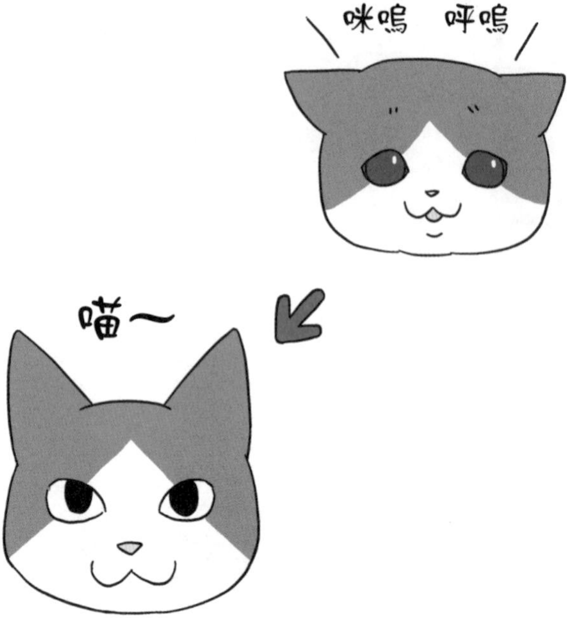

觀察眼睛顏色，是成長過程中的樂趣

出生10天到2週之間的幼貓，眼睛的顏色幾乎都是灰色或藍色。這是因為幼貓的虹膜色素還沒定型，因此會出現叫做「kitten blue」的藍色；一直到2個月左右色素定型了，才會慢慢變成原來的顏色。

像喜馬拉雅貓等身體末端毛色頗深的「重點色」品種，由於遺傳因子的關係，眼睛顏色會隨著成長從淺藍色變成漂亮的藍色。

血型會依地域性不同？

聽說美國東海岸的貓咪全都是A型

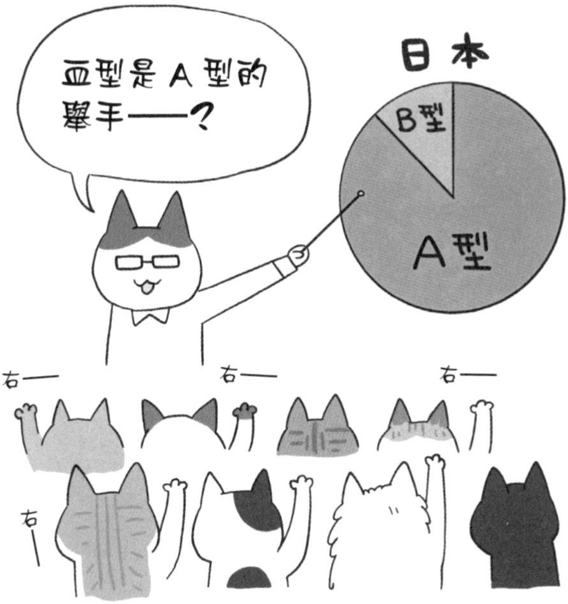

依品種及地區，即可進行判斷

貓咪的血型有A型及B型（還有極少數的AB型），從貓咪所居住的國家，大概就能判斷出牠的血型。根據義大利的調查，日本的貓咪大多是A型，美國也幾乎是A型，英國及澳洲則以B型居多。另外，以品種來說，美國短毛貓或暹羅貓幾乎都是A型，英國短毛貓則多是B型。

三色貓有公的嗎？

公的三色貓，從古至今都是奇蹟

這輩子都不知道，能不能看到一隻？

大家知道擁有白、褐、黑三種毛色的「三毛貓」幾乎都是母的嗎？由於三毛貓的遺傳染色體需要2個「X」，母貓的染色體剛好就是「XX」，而公貓的染色體是「XY」，只有一個「X」，因此三毛貓必然會是母貓。但是，在非常稀少的機會裡，會因為遺傳因子異常而出現公的三毛貓，這個機率大約是數千分之一，因此公的三毛貓可說是奇蹟般的存在。

祈願的吉祥物

誕生機率非常稀少的公的三毛貓，被世人視為極為吉祥的象徵。據說牠們能保佑航海安全，因此深受船員們的尊崇，只要一出現就會有人高價競標，很長一段時間價格不斐。

南極越冬隊的守護神

日本在昭和 31 年（1956）派遣到南極的越冬隊，其中一個成員就是公的三毛貓，名字叫「阿武」。帶著想要順利在南極度過冬天的願望，阿武與狗兒及金絲雀一起踏上這段艱難的旅程，成功帶領部隊完成任務。

生殖機能可能很弱？

因為染色體異常才誕生的公的三毛貓，生殖機能大多比一般的公貓弱。由於是突然變異才出現的珍貴品種，因此給人多病及短命的印象，但其實牠們的壽命跟一般貓咪差不多。

memo

阿武在南極下船之後，船就在回去的路上觸礁了。果然牠是好運的象徵？

只是看起來在笑？

看到不笑的貓，就對牠笑一笑吧

本喵可不是在笑

只有聞到特殊味道時，才會出現的表情

貓咪在聞到某個味道之後，有時會出現半張著嘴像在傻笑或是受到驚嚇的表情。這叫做「弗萊敏反應」。在貓咪的上顎後方連接著一個叫犁鼻器的器官，主要是用來追蹤性費洛蒙。當貓咪聞到特殊的氣味，會將嘴巴打開，讓犁鼻器接觸到空氣，藉以吸取更多味道，進而形成貓奴們眾所皆知的可愛表情。

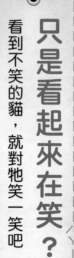

聞
聞
聞
聞
聞
聞
聞
聞
聞

貓咪喜歡臭臭的東西？

弗萊敏反應是貓咪感知到費洛蒙時的反應。每隻貓咪感知到費洛蒙的物體都不同，最常見的例子就是主人的舊襪子。每次看到貓咪陶醉地聞著腳趾的味道，都讓人覺得很不可思議呢！

除了貓咪以外……

弗萊敏反應並不是貓咪獨有的本能，包括牛、馬及山羊都能看到相同的反應。馬的弗萊敏反應很有特色，看起來就像在挑釁對方一樣露出牙齦，如果幸運的話，說不定有可能會在動物園看到。

真的會忍不住做出反應呢~~

這裡安全嗎？
這傢伙是敵人還是朋友？
有沒有美眉？
這是什麼鬼東西！
……以及其他
這就是弗萊敏反應！

情況有很多種

雖然弗萊敏反應，是為能更仔細接收到費洛蒙的氣味所產生的反應，但是貓咪非常重視從費洛蒙中所得到的資訊：對方是不是自己認識的貓咪？性別是什麼？所產生表情在不同的情況下意義也不同。

memo

貓咪看起來像在傻笑，但獅子的弗萊敏反應卻是皺著臉。

網路紅貓的誕生

紀錄自家貓咪的特色，分享厲害的才能

紀錄分享，相處成長的點點滴滴

有些主人因為自家貓咪實在太可愛，為了跟大家分享牠們的魅力，就將照片或影片PO上部落格或網路，結果爆紅引發話題，最後還出了寫真集。

例如網路上的各種明星貓，就是主人將其成長日記放在網路上，爆紅後還可出書及相關周邊商品。仔細紀錄每個平凡的日子當中的一個畫面，說不定就會發掘出明天的明星貓哦！

首先要讓貓咪習慣鏡頭

貓咪非常不喜歡視線相對，如果直接把單眼相機對著牠面前，一定會讓牠害怕。因此，平常就要把相機擺在身邊讓貓咪習慣，同時也不會錯過任何一個精彩的鏡頭，算是一石二鳥的方法。

試著PO出心愛的貓咪

如今在網路分享各種情報已經是趨勢，因此要分享自家貓咪的情報也很簡單。只要在推特或 IG 上分享貓咪的照片，就會吸引眾多喜歡貓咪的同好。

物以類聚？

只要在社交軟體上發表內容，喜歡貓咪的人自然就會聚集過來。看到自家心愛的貓咪受到眾人喜歡是很令人高興的一件事，同時也能收集到眾多飼主們的情報，接觸到最新的資訊。

memo

從幼貓到長大的回憶是一輩子的寶物。盡量留下更多的回憶吧！

貓咪玩具DIY

貓咪喜歡新的東西，也就是喜新厭舊，總是想玩新的玩具。試著做一些簡單的玩具，讓貓咪天天都開心吧！

面紙盒＋塑膠袋

將塑膠袋揉成一團塞進空的面紙盒裡，再在周圍開幾個小洞，晃動時裡面就會發出卡嗟卡嗟的聲音，這會讓貓咪著迷。

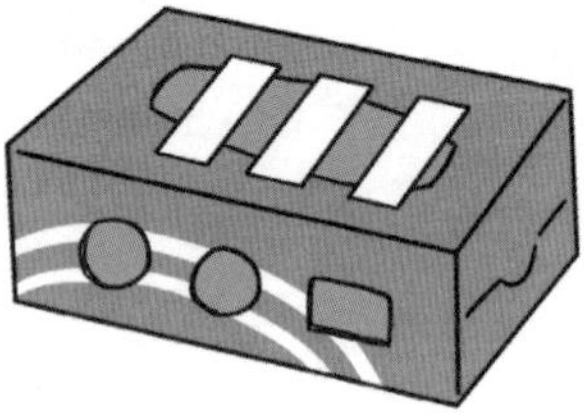

鋁箔紙＋繩子

將鋁箔紙揉成一團後，綁到繩子上即可。做法雖然非常簡單，但是這個玩具會讓所有的貓咪瘋狂。

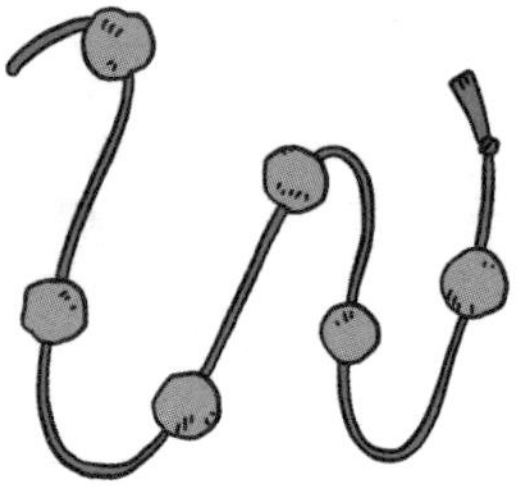

洗衣籃＋鋁箔紙或塑膠袋

只要在洗衣籃裡放入揉成團的鋁箔紙或塑膠袋，再拿到貓咪面前輕輕晃動，馬上就會看到貓咪露出狩獵的眼神。

重點

ＤＩＹ的手工玩具最令人擔心的就是耐久度，為了避免貓咪不會誤食掉落的零件，玩耍時主人一定要陪同，或是盡量將玩具做的更牢固一點。

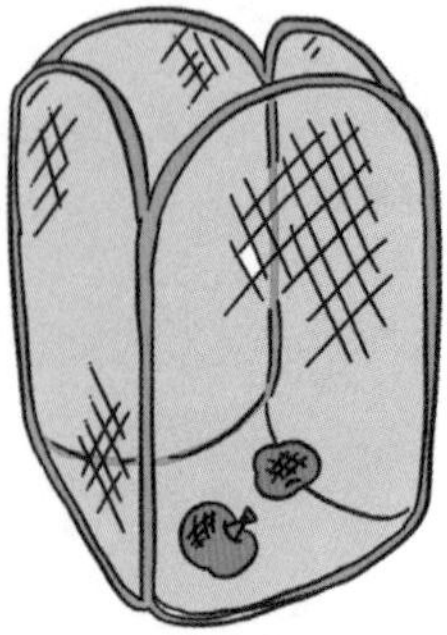

舊襪子＋塑膠袋

在舊襪子裡面塞入揉成團的塑膠袋，再把入口綁起來，這樣就做好了！貓咪只要一咬，裡面就會發出卡嚓聲，會讓牠愛不釋口。

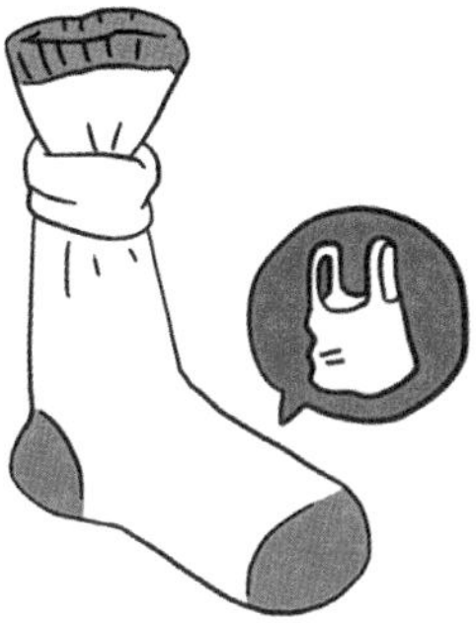

捲筒衛生紙芯＋鈴鐺

捲筒衛生紙芯本身就可以直接拿給貓咪玩，不過如果在裡面放入鈴鐺，再將兩邊封起來，除了可以預防貓咪誤食，還可以增加遊玩的樂趣。

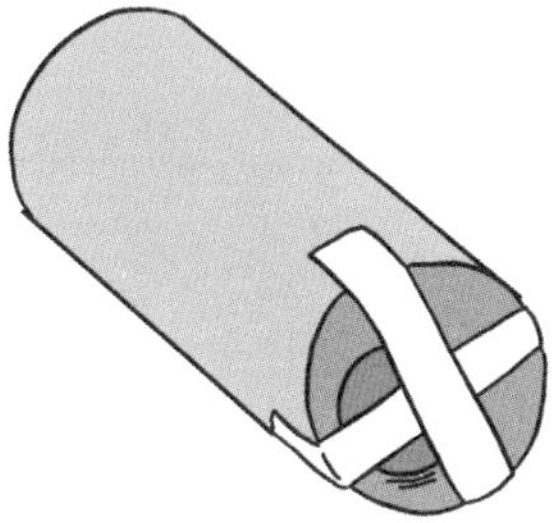

寶特瓶＋鈴鐺

在寶特瓶或轉蛋盒裡放入鈴鐺，就會讓貓咪追個不停。為了避免貓咪誤食，轉蛋盒一定要選擇體積夠大的。

濕紙巾＋繩子

只要用繩子將濕紙巾中央綁起來，再模仿老鼠的行動拉動繩子，就能看到貓咪化身成可怕的獵人！

結尾

在貓咪嬌小的身體裡，隱藏著許多的秘密，牠們的五感及運動能力遠遠超過人類，就像是擁有超能力一樣。不只如此，貓咪比起狗狗一直都令人更難以了解。

雖然貓咪非常低調，其實仍然時時努力向我們表達牠的想法。本書將貓咪們所隱藏的神秘「力量」，以及隱藏在內心的「心情」全都剖析出來。知道貓咪這麼多的秘密之後，大家是否又重新被牠的魅力所擄獲呢？

既然要一起生活，就需要多跟貓咪接觸，並多加了解牠的身體及情緒，這是很重要的事。不僅可以早期發現疾病，更能讓貓咪與我們一起過著舒適及健康的生活。如果本書可以幫助所有貓咪及主人過這更好的生活，那就太好了。

最後我要為與我一起共同生活、並教導我所有貓咪智慧的愛貓（うにゃ、PUMA、QUEEN、KIGHT）及所有在診療上協助過我的貓咪們獻上最大的感謝。

東京貓咪醫療中心　服部幸

國家圖書館出版品預行編目 (CIP) 資料

喵聲令下：喵星人指令大全 105+ / 服部幸著；諾麗果翻譯 . -- 初版 .
-- 新北市：腳丫文化, 2017.06
面； 公分
ISBN 978-986-7637-92-5 (平裝)
1. 貓 2. 寵物飼養

437.364 106005349

腳丫文化

喵聲令下：喵星人指令大全 105$^+$

原　　　著 — 服部 幸
插　　　畫 — 卵山玉子
翻　　　譯 — 諾麗果
責 任 編 輯 — 連欣華
美 術 設 計 — 洸譜創意設計股份有限公司
印　　　刷 — 勁達印刷廠

主　　　編 — 謝昭儀
副　主　編 — 連欣華
出　版　社 — 腳丫文化出版事業有限公司

<總社 · 業務部>
地址— 241 新北市三重區光復一段 61 巷 27 號 11 樓 A（鴻運大樓）
電話— (02)2278-3158　傳真— (02)2278-3168
E – mail —cosmax27@ms76.hinet.net
法律顧問—鄭玉燦律師電話— (02)291-55229

發行日— 2017 年 06 月初版一刷
定價—新台幣 350 元

Printed in Taiwan